Rinu Sam

Nanofísica: Nanopartículas de CdS

Rinu Sam

Nanofísica: Nanopartículas de CdS

Imprint

Any brand names and product names mentioned in this book are subject to trademark, brand or patent protection and are trademarks or registered trademarks of their respective holders. The use of brand names, product names, common names, trade names, product descriptions etc. even without a particular marking in this work is in no way to be construed to mean that such names may be regarded as unrestricted in respect of trademark and brand protection legislation and could thus be used by anyone.

Cover image: www.ingimage.com

This book is a translation from the original published under ISBN 978-620-2-01396-3.

Publisher:
Sciencia Scripts
is a trademark of
Dodo Books Indian Ocean Ltd. and OmniScriptum S.R.L publishing group

120 High Road, East Finchley, London, N2 9ED, United Kingdom
Str. Armeneasca 28/1, office 1, Chisinau MD-2012, Republic of Moldova, Europe
Printed at: see last page
ISBN: 978-620-7-68229-4

Copyright © Rinu Sam
Copyright © 2024 Dodo Books Indian Ocean Ltd. and OmniScriptum S.R.L publishing group

ÍNDICE

CAPÍTULO 1

INTRODUÇÃO À NANOCIÊNCIA E ÀS NANOPARTÍCULAS SEMICONDUTORAS

1.1 Introdução geral

A ciência e a tecnologia estão de tal forma integradas na nossa vida atual que se têm verificado enormes mudanças em todas as áreas do conhecimento científico. Estas novas mudanças criam novas oportunidades à medida que passam para aplicações práticas. O século XX foi considerado o século das ciências físicas e o século XXI foi considerado o século das ciências da vida. Mas está a surgir um novo campo da ciência, a nanociência, que unifica as ciências físicas e as ciências da vida e que pode revolucionar o nosso conceito de ciência e tecnologia no século atual. Esta nova ciência e tecnologia, denominada nanociência e nanotecnologia, baseia-se na nossa capacidade de medir, manipular e organizar a matéria à escala nanométrica, que é a bilionésima parte de um metro (10^{-9} m). A nanotecnologia é o controlo e a reestruturação da matéria ao nível dos átomos e das moléculas para criar novos materiais, dispositivos e sistemas funcionais. A palavra nanotecnologia é relativamente nova, mas a existência de dispositivos e estruturas funcionais de dimensões nanométricas não é nova e, de facto, tais estruturas existem na Terra desde que existe vida.

Nos últimos anos, a nanotecnologia tornou-se um dos mais importantes e excitantes domínios de vanguarda da Física, Química, Engenharia e Biologia. É uma grande promessa para nós num futuro próximo, com muitas descobertas que irão mudar a direção dos avanços tecnológicos numa vasta gama de aplicações. Atualmente, a nanotecnologia é muito discutida como uma fronteira emergente - um domínio em que as máquinas funcionam a escalas de bilionésimos de metro. Na realidade, trata-se de uma multiplicidade de tecnologias rapidamente emergentes, baseadas na redução das tecnologias existentes para o nível seguinte de precisão e miniaturização. A visão original da nanotecnologia é por vezes designada por "fabrico molecular". É a base do entusiasmo inicial em relação a este domínio e, no futuro, poderá levar à construção de máquinas e mecanismos à escala real com dimensões nanométricas. A nanotecnologia envolve a investigação e o desenvolvimento tecnológico na gama de 1 nm a 100 nm. Cria e utiliza estruturas que possuem propriedades inovadoras devido à sua pequena dimensão. Baseia-se na capacidade de controlar ou manipular à escala atómica.

No presente capítulo, são abordados em pormenor o âmbito da nanociência e da nanotecnologia, a microestrutura dos materiais nanoestruturados, a síntese e as propriedades das nanopartículas, a vasta literatura sobre nanopartículas semicondutoras e o âmbito da tese.

1.2 Nanociência e nanotecnologia

A nanociência e a nanotecnologia incluem a síntese, a caraterização, a exploração e a utilização de materiais nanoestruturados. A aplicação de nanomateriais pode ser historicamente rastreada até mesmo antes da geração da ciência e tecnologia modernas. As nanopartículas foram utilizadas como materiais corantes em cerâmica pelos povos antigos [1]; o ouro coloidal foi utilizado em tratamentos médicos para curar a dipsomania, a artrite, etc., já no século XIX; as experiências sistemáticas realizadas com nanomateriais também tiveram início com as conhecidas experiências de Faraday [2] em 1857. Em 1959, Richard Feynman deu uma conferência intitulada "há muito espaço no fundo", sugerindo a possibilidade de manipular coisas a nível atómico [3]. Este facto é geralmente considerado como a antevisão da nanotecnologia. No entanto, a verdadeira explosão da nanotecnologia só ocorreu no início da década de 1990. Nas últimas décadas, instrumentos sofisticados como a microscopia eletrónica de varrimento, a microscopia eletrónica de transmissão e a microscopia de sonda de varrimento para caraterização e manipulação tornaram-se acessíveis aos investigadores para se aproximarem do nanomundo. A miniaturização dos dispositivos na indústria de semicondutores é também um fator significativo para o desenvolvimento da nanotecnologia. A lei de Moore previa que o desempenho do transístor e a densidade duplicassem de 24 em 24 meses. Os dispositivos nanoelectrónicos baseados em novos sistemas de nanomateriais e em novas estruturas de dispositivos contribuirão para o desenvolvimento da próxima geração de microeletrónica. Por exemplo, o transístor de eletrão único [4, 5] e o transístor de efeito de campo [6-8] baseados em nanotubos de carbono de parede simples estão já a caminho.

Os desenvolvimentos da física quântica e a emergência de novos domínios, como a física da matéria condensada mole, deram uma nova dimensão à vasta área da ciência dos materiais. A noção anterior de alteração das propriedades dos materiais através da alteração da composição ou da mistura de diferentes materiais deixou de estar isolada, tendo surgido uma abordagem radicalmente diferente, na qual as propriedades dos materiais são projectadas através da alteração da dimensão, mantendo intacta a composição química [9, 10]. A metodologia de variação das características do material em função do tamanho só é viável num regime de tamanho específico, nomeadamente o nanómetro (10^{-9} metro), onde se pode observar uma troca quântica de fenómenos clássicos. Este facto deu origem a um novo ramo da ciência e da tecnologia denominado "nanociência" e "nanotecnologia".

A nanotecnologia lida com materiais ou estruturas em escalas nanométricas, normalmente entre sub-nanómetros e várias centenas de nanómetros. Um nanómetro é 10^{-3} micrómetro ou 10^{-9} metro. A nanotecnologia é a conceção, o fabrico e a aplicação de nanoestruturas ou nanomateriais, bem como a compreensão fundamental das relações entre as propriedades ou fenómenos físicos e as dimensões dos materiais. A nanotecnologia é um novo campo ou um novo domínio científico. À semelhança da mecânica quântica, à escala nanométrica, os materiais ou estruturas podem possuir novas propriedades físicas ou apresentar novos fenómenos físicos. Algumas destas propriedades já são conhecidas. Por exemplo, o intervalo de banda dos semicondutores pode ser ajustado através da variação da dimensão do material. Poderão existir muitas outras propriedades físicas únicas que ainda não são conhecidas. Estas novas propriedades ou fenómenos físicos não só satisfarão a eterna curiosidade humana, como também prometem novos avanços tecnológicos. Outro aspeto muito importante da nanotecnologia é a miniaturização dos actuais e novos instrumentos, sensores e máquinas que terão um grande impacto no mundo em que vivemos. Exemplos de uma possível miniaturização são: computadores com uma potência infinitamente grande que computam algoritmos que imitam os cérebros humanos, biossensores que nos avisam na fase inicial do aparecimento de uma doença e, de preferência, a nível molecular, e que visam medicamentos específicos que atacam automaticamente as células doentes no local, nanorrobôs que podem reparar danos internos e remover toxinas químicas nos corpos humanos, e eletrónica à escala nanométrica que monitoriza constantemente o nosso ambiente local.

Além disso, a nanotecnologia foi também amplamente alargada a outros domínios devido às novas propriedades dos nanomateriais descobertos e a descobrir. Por exemplo, os nanofios podem ser potencialmente utilizados em nanofotónica, laser [11], nanoelectrónica [12], células solares [13], ressoadores [14] e sensores de alta sensibilidade [15]. As nanopartículas podem ser potencialmente utilizadas em catalisadores [16], revestimentos funcionais, nanoelectrónica [17], armazenamento de energia [18], administração de medicamentos [19] e biomedicina [20]. As películas finas nanoestruturadas podem ser utilizadas em dispositivos emissores de luz, ecrãs e sistemas fotovoltaicos de alta eficiência. Estas são apenas uma parte limitada da nanotecnologia em rápido desenvolvimento, mas muitas outras aplicações potenciais dos nanomateriais já foram ou serão descobertas. A nanotecnologia é um domínio de investigação interdisciplinar no qual estão envolvidos muitos físicos, químicos, biólogos, cientistas dos materiais e outros especialistas.

O termo nanomateriais abrange vários tipos de materiais nanoestruturados que possuem pelo menos uma dimensão na gama dos nanómetros. Várias nanoestruturas que incluem: Nanoestruturas de dimensão zero, como nanopartículas metálicas, semicondutoras e cerâmicas; nanoestruturas de uma dimensão, como nanofios, nanotubos e nanobastões; nanoestruturas de duas dimensões, como estruturas de poços quânticos. Para além disso, as nanoestruturas individuais e os conjuntos destas nanoestruturas formam matrizes, conjuntos e super-redes de elevada dimensão. As propriedades dos materiais com dimensões nanométricas são significativamente diferentes das dos átomos e dos materiais a granel. Isto deve-se principalmente à dimensão nanométrica dos materiais, que lhes confere: (i) uma grande fração de átomos superficiais; (ii) uma elevada energia superficial; (iii) confinamento espacial; (iv) imperfeições reduzidas, que não existem nos materiais a granel correspondentes [21].

Devido às suas pequenas dimensões, os nanomateriais têm uma área de superfície extremamente grande em relação ao volume, o que faz com que uma grande fração dos átomos dos materiais esteja na superfície ou na interface, resultando em propriedades do material mais dependentes da superfície. Especialmente quando as dimensões dos nanomateriais são comparáveis ao comprimento de Debye, todo o material será afetado pelas propriedades da superfície dos nanomateriais [22, 23]. Este facto, por sua vez, pode aumentar ou modificar as propriedades dos materiais a granel. Por exemplo, as nanopartículas metálicas podem ser utilizadas como catalisadores muito activos. Os sensores químicos a partir de nanopartículas e nanofios aumentam a sensibilidade e a seletividade do sensor. O confinamento quântico dos nanomateriais tem efeitos profundos nas propriedades dos nanomateriais. A estrutura da banda de energia e a densidade de portadores de carga nos materiais podem ser modificadas de forma bastante diferente da sua contraparte a granel, o que, por sua vez, modificará as propriedades electrónicas e ópticas dos materiais.

A nanotecnologia tem uma gama extremamente vasta de aplicações potenciais em eletrónica à escala nanométrica, ótica, sistemas nanobiológicos, nanomedicina, etc. Por conseguinte, exige a formação e contribuição de equipas multidisciplinares de físicos, químicos, cientistas de materiais, engenheiros, biólogos moleculares, farmacologistas e outros para trabalharem em conjunto na (i) síntese e transformação de nanomateriais e nanoestruturas, (ii) compreensão das propriedades físicas relacionadas com a escala nanométrica, (iii) conceção e fabrico de nanodispositivos ou dispositivos com nanomateriais como blocos de construção e (iv) conceção e construção de novas ferramentas para a caraterização de nanoestruturas e nanomateriais.

A síntese e o processamento de nanomateriais e nanoestruturas são o aspeto essencial da nanotecnologia. Os estudos sobre novas propriedades físicas e aplicações de nanomateriais e nanoestruturas só são possíveis quando são disponibilizados materiais nanoestruturados com a dimensão, morfologia, cristalinidade, microestrutura e composição química desejadas. As experiências sobre o fabrico e transformação de nanomateriais e nanoestruturas começaram há muito tempo, muito antes de a nanotecnologia ter surgido como um novo domínio científico. Esta investigação intensificou-se drasticamente na última década, dando origem a uma literatura abundante em muitas revistas de diferentes disciplinas. A investigação sobre nanotecnologia está a evoluir e a expandir-se muito rapidamente. Existem duas formas principais de fabricar materiais à escala nanométrica: a nanofabricação descendente parte de uma estrutura de grandes dimensões e vai-a reduzindo através de cortes sucessivos, enquanto a nanofabricação ascendente parte de átomos individuais e constrói uma nanoestrutura. Quando levamos os constituintes dos materiais para a nanoescala, as suas propriedades alteram-se. Alguns materiais utilizados para isolamento elétrico podem tornar-se condutores e outros materiais podem tornar-se transparentes ou solúveis. Por exemplo, as nanopartículas de ouro têm uma cor, um ponto de fusão e propriedades químicas diferentes, devido à natureza das interacções entre os átomos que constituem o ouro, em comparação com uma pepita de ouro. O nano-ouro não se parece com o ouro a granel, as partículas à nanoescala podem ser cor de laranja, púrpura, vermelhas ou esverdeadas, consoante o tamanho da partícula. Todas estas novas propriedades que surgem quando se reduz o material em escala são de grande interesse para a indústria e para a sociedade, uma vez que permitem novas aplicações e produtos. A nanotecnologia é considerada por muitos como a próxima revolução industrial e acredita-se que causará enormes impactos na sociedade, na economia e na vida em geral no futuro. A nanotecnologia tem uma vasta aplicação em medicina, tecnologias da informação, biotecnologia, produção e armazenamento de energia, tecnologia de materiais, fabrico, instrumentação, aplicações ambientais e segurança.

Os lasers e os díodos emissores de luz (LED), tanto de pontos quânticos como de fios quânticos, são muito promissores para o futuro desenvolvimento da optoelectrónica. O armazenamento de informação de alta densidade utilizando dispositivos de pontos quânticos é também uma área em rápido desenvolvimento. A redução das imperfeições é também um fator importante na determinação das propriedades dos nanomateriais. Esta maior perfeição dos materiais afecta as propriedades dos nanomateriais. Por exemplo, a estabilidade química de certos nanomateriais pode ser melhorada, as propriedades mecânicas dos nanomateriais serão melhores do que as dos materiais a granel.

1.3 Microestrutura de materiais nanocristalinos

Um dos resultados mais básicos da Física e da Química dos sólidos é a constatação de que a maioria das propriedades dos sólidos depende da microestrutura, ou seja, da disposição dos átomos (estrutura atómica) e da dimensão do sólido a uma, duas ou três dimensões. Por outras palavras, se alterarmos um ou vários destes parâmetros, as propriedades de um sólido variam em conformidade. O exemplo mais conhecido da correlação entre a estrutura atómica e as propriedades de um material a granel é provavelmente a variação espetacular da dureza do carbono quando se transforma de diamante em grafite. Têm sido observadas variações comparáveis se a estrutura atómica de um sólido se desviar muito do equilíbrio ou se o seu tamanho for reduzido a um pequeno espaçamento inter-atómico numa, duas ou três dimensões. Um exemplo deste último caso é a mudança de cor dos cristais de CdS se o seu tamanho for reduzido a alguns nanómetros [24]. A estrutura dos nanomateriais é substancialmente diferente da dos materiais de grão grosso. Os nanomateriais constituídos por blocos de construção de dimensão nanométrica são microestruturalmente heterogéneos, consistindo em blocos de construção (por exemplo, cristalitos) e regiões entre blocos de construção adjacentes (por exemplo, limites de grão). A figura 1.1 apresenta uma representação esquemática da estrutura de um material nanométrico denso. Os pontos pretos representam o núcleo dos cristais: os pontos brancos são as regiões de contorno de grão entre os cristais.

Podem considerar-se dois tipos de átomos na estrutura nanocristalina: átomos cristalinos com configuração de vizinhança correspondente à rede e átomos de fronteira com uma variedade de espaçamentos inter-atómicos. Como o material nanocristalino contém uma elevada densidade de interfaces, uma fração substancial de átomos encontra-se nas interfaces. Assumindo que os grãos têm a forma de esferas ou cubos, a fração volumétrica de interfaces no modelo de materiais nanoestruturados.

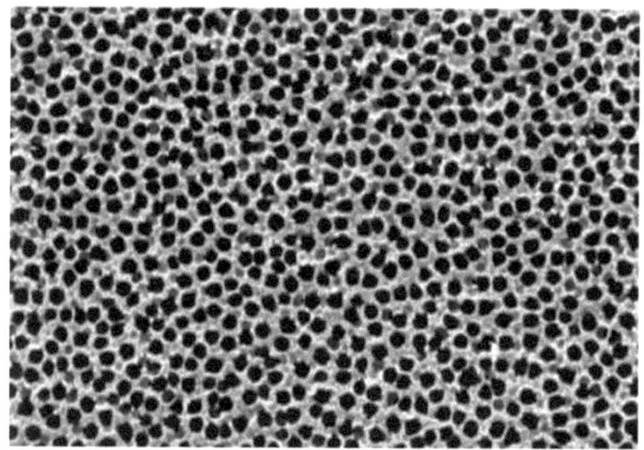

Figura 1.1: Modelo de um material nanoestruturado

Assim, a fração de volume das interfaces pode atingir 50% para grãos de 5 nm, 30% para grãos de 10 nm e cerca de 3% para grãos de 100 nm. Os limites dos grãos têm uma densidade atómica reduzida e uma estrutura atómica modificada em comparação com a rede perfeita. Pensa-se que isto se deve, entre outros factores, a uma má correspondência entre as redes cristalinas causada por diferentes orientações cristalográficas dos grãos vizinhos [25]. Os limites de grão altamente fora do equilíbrio dos nanomateriais causam tensões internas elevadas no material.

1.4 Confinamento Quântico

O intervalo de banda de um semicondutor é, por definição, a energia necessária para criar um eletrão e um buraco, em repouso em relação à rede e suficientemente afastados para que a sua atração de Coulomb seja negligenciável. Se um portador se aproximar do outro, podem formar um estado ligado (excitão de Wannier) a uma energia ligeiramente inferior ao intervalo de banda. No caso dos semicondutores, a dimensão do excitão pode ser calculada teoricamente pelo raio de Bohr do excitão [25, 26]

$$\alpha\,B = \hbar\varepsilon\,/\,\mu e^2 \ldots\ldots\ldots(1.1)$$

onde $\hbar$ é definido como a constante de Planck, ε é a constante dielétrica, $\alpha\,B$ é o raio de Bohr do exciton, μ é a massa reduzida do exciton [26]. No entanto, se o raio de um nanocristal semicondutor for reduzido para menos do que o raio de Bohr do exciton, podemos imaginar que o exciton será fortemente confinado neste volume limitado e a estrutura eletrônica dos elétrons e buracos confinados tridimensionalmente será drasticamente modificada. O termo confinamento quântico descreve este confinamento do excitão dentro dos limites físicos do semicondutor.

O confinamento quântico é um fenómeno inerente a todos os semicondutores de baixa dimensão, como o poço quântico, o fio quântico e o ponto quântico, que descrevem o confinamento em 1, 2 e 3 dimensões, respetivamente. O raio de Bohr do excitão ($\alpha\,B$) é frequentemente utilizado para avaliar a extensão do confinamento num nanocristal semicondutor com raio α. Na análise dos dados experimentais, é necessário considerar três regimes diferentes: $\alpha > \alpha B$, $\alpha \approx \alpha B$ e $\alpha < \alpha B$, designados por regimes de confinamento fraco, confinamento intermédio e confinamento forte, respetivamente.

Para construir os modelos teóricos da estrutura eletrónica dos pontos quânticos, recorre-se à mecânica quântica para descrever o comportamento dos electrões num semicondutor. Na mecânica quântica, os electrões exibem uma dualidade onda-partícula e podem ser descritos por uma função de onda. De acordo com o princípio da incerteza de Heisenberg, a posição x e o momento p de um eletrão não podem ser determinados simultaneamente com precisão. Para uma onda simples, a posição é desconhecida e pode ser localizada em qualquer posição, mas o momento tem um valor precisamente definido $\hbar k$, onde k é o número de onda ou vetor de onda. No entanto, para um eletrão confinado num espaço limitado, como num cristal semicondutor, a incerteza na posição diminui, mas o momento já não é bem definido e k tem um valor incerto. Como a energia E está relacionada com o momento p ou o vetor k, também terá níveis de energia incertos.

Num semicondutor a granel, o movimento do portador não tem restrições ao longo das três direcções espaciais. No entanto, uma nanoestrutura tem uma ou mais das suas dimensões reduzidas a uma escala de comprimento nanométrica, o que produz uma quantificação da energia dos portadores correspondente ao movimento ao longo dessas direcções. Se o confinamento quântico for feito ao longo de uma direção, os portadores podem ter movimento livre nas outras duas direcções. Se o confinamento quântico for em duas direcções, os portadores têm movimento livre apenas numa direção. Os portadores não têm movimento livre se estiverem confinados nas três direcções. A energia total dos electrões (ou buracos) será a soma das energias permitidas associadas ao movimento destes portadores ao longo da direção confinada e da energia cinética devida ao movimento livre nas restantes direcções não confinadas. O confinamento quântico descreve o aumento de energia que ocorre quando o movimento de uma partícula é restringido numa ou mais dimensões por um poço de potencial. À medida que a dimensão de confinamento diminui, a energia da partícula aumenta. Um ponto quântico é um poço que confina em todas as três dimensões, como uma pequena esfera em dimensão zero, um fio quântico em uma dimensão e um poço quântico em duas dimensões, como mostra a figura 1.2.

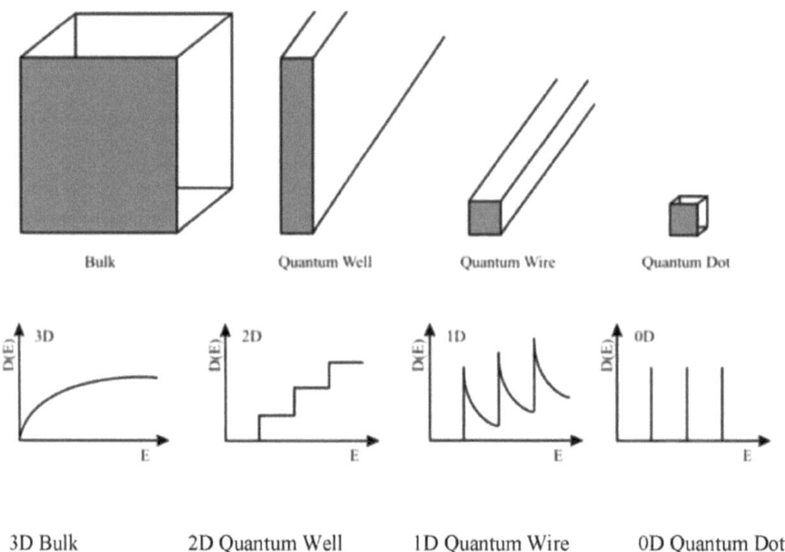

3D Bulk   2D Quantum Well   1D Quantum Wire   0D Quantum Dot

Figure 1.2:   Imagem de estruturas de diferentes dimensões

1.5   Classificação dos materiais nanocristalinos

Siegel [27] classificou os materiais nanoestruturados em quatro categorias, de acordo com a sua dimensionalidade: 0D-nanoclusters; 1D-multilayers; 2D-nanograined layers; 3D-equiaxed bulk solids. A tabela 1.1 apresenta a classificação e a figura 1.3 ilustra o diagrama esquemático de um material nanocristalino. As magnitudes do comprimento e da largura são muito maiores do que a espessura nos nanocristais em camadas, e o comprimento é substancialmente maior do que a largura ou o diâmetro nos nanocristais filamentosos. Os materiais nanocristalinos podem ser metais, cerâmicas ou compósitos que podem conter fases cristalinas, quase cristalinas ou amorfas.

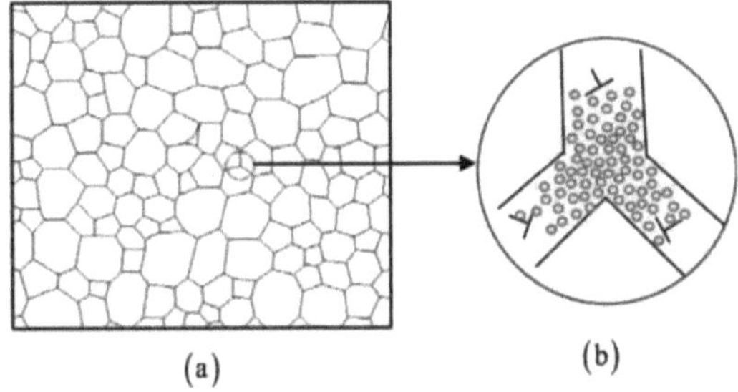

(a)　　　　　　　　　(b)

Figure 1.3: Diagrama esquemático de material nanocristalino

Entre estes, tem sido dada a máxima atenção à síntese, consolidação e caraterização dos nanocristalitos 3D, seguidos das nanoestruturas 1D em camadas. Os nanocristalitos 3D têm muitas aplicações baseadas na sua elevada resistência, melhor formabilidade e uma boa combinação de propriedades magnéticas suaves. Os cristalitos nanoestruturados 1D são visualizados para aplicações electrónicas [28].

Tabela 1.1: Classificações dos nanomateriais

Dimensionalidade	Designação	Método típico de síntese
Tridimensional (equiaxial)	Cristalitos	Condensação de gás, Liga mecânica
Bidimensional	Filamentoso	Deposição de vapor químico
Unidimensional	Em camadas	Deposição de vapor, Eletrodeposição
Zero-dimensional	Aglomerados	Método Sol-gel

A classificação também pode ser feita com base no tamanho do grão: materiais de tamanho de grão ultrafino, em que o tamanho do grão é aproximadamente superior a 500 nm (normalmente na gama dos submicrómetros) e materiais de grão nanométrico, em que o tamanho do grão é inferior a 500 nm e normalmente na ordem dos 100-200 nm. Com base no material de partida a partir do qual os nanomateriais são produzidos, estes podem ainda ser classificados como nanomateriais cristalizados a partir de sólidos amorfos ou nanomateriais produzidos por outros métodos em que o material de partida é geralmente cristalino. Gleiter [29] classificou ainda os materiais nanoestruturados de acordo com a composição, morfologia e distribuição do componente nanocristalino. Utilizou três formas: varetas, camadas e grãos equiaxiais. A sua classificação inclui muitas permutações possíveis de materiais e é bastante ampla. De acordo com a forma dos cristalitos, podem distinguir-se três categorias de nanomateriais: cristalitos em forma de camadas, cristalitos em forma de varetas (com espessura de camadas ou diâmetros de varetas da ordem de alguns nanómetros) e nanoestruturas compostas por cristalitos equiaxiais de dimensão nanométrica. Em função da composição química dos cristalitos, as três categorias de nanomateriais podem ser agrupadas em quatro famílias. No caso mais simples, todos os cristalitos e regiões interfaciais têm a

9

mesma composição química. Exemplos desta família são os polímeros semicristalinos ou os nanomateriais constituídos por cristais equiaxiais de dimensão nanométrica (por exemplo, Cu). Os nanomateriais pertencentes à segunda família são constituídos por cristais com composições químicas diferentes. As estruturas de poços quânticos são os exemplos mais conhecidos deste tipo.

Se a variação da composição ocorrer principalmente entre os cristalitos e as regiões interfaciais, obtém-se a terceira família de nanomateriais. Neste caso, um tipo de átomo segrega-se preferencialmente para as regiões interfaciais, de modo que a modulação estrutural é acoplada à modulação química local. A quarta família de nanomateriais é formada por cristalitos de dimensão nanométrica dispersos numa matriz de composição química diferente.

1.6 Propriedades dos materiais nanocristalinos

i. *Propriedades mecânicas*

Devido à dimensão nanométrica, muitas das propriedades mecânicas dos nanomateriais são diferentes das dos materiais a granel, incluindo a dureza, o módulo de elasticidade, a resistência à fratura, a resistência ao risco e a resistência à fadiga, etc. O melhoramento das propriedades mecânicas dos nanomateriais pode resultar desta modificação, que resulta geralmente da perfeição estrutural dos materiais [30]. A pequena dimensão torna-os isentos de imperfeições estruturais internas, tais como deslocações, microgémeos, precipitados de impurezas, ou os poucos defeitos ou impurezas presentes não se podem multiplicar suficientemente para causar uma falha mecânica. As imperfeições dentro da dimensão nano são altamente energéticas e migrarão para a superfície para se relaxarem durante o recozimento, purificando o material e deixando estruturas materiais perfeitas no interior dos nanomateriais. Além disso, as superfícies externas dos nanomateriais também têm menos defeitos ou estão isentas de defeitos em comparação com os materiais a granel, o que contribui para melhorar as propriedades mecânicas dos nanomateriais. As propriedades mecânicas melhoradas dos nanomateriais podem ter muitas aplicações potenciais, tanto à escala nanométrica, como nano-ressonadores mecânicos, sensores, pontas de sonda de microscópio e nanopinças para a manipulação de objectos à escala nanométrica, materiais leves e de elevada resistência, revestimentos condutores flexíveis, revestimentos resistentes ao desgaste, ferramentas de corte mais duras e resistentes, etc.

Entre as novas propriedades mecânicas dos nanomateriais, foi observada uma elevada dureza para muitos nanomateriais. É possível fabricar uma variedade de nanocompósitos superduros de nitretos, boretos e carbonetos por deposição de vapor físico e químico induzida por plasma [31]. As excelentes propriedades mecânicas dos nanomateriais podem levar a muitas aplicações potenciais em todas as escalas nano, micro e macro. Foram fabricados ressoadores electromecânicos de alta frequência a partir de nanotubos e nanofios de carbono. Os materiais nanoestruturados podem também ser utilizados como nanossondas ou nanotwizzers para sondar e manipular nanomateriais numa escala nanométrica [32]. Devido ao seu elevado rácio de aspeto e às suas pequenas dimensões, as nanoestruturas unidimensionais, como os nanotubos de carbono, podem também ser utilizadas como pontas de sonda.

As nanopinças podem ser fabricadas a partir de dois nanotubos de carbono individuais. Esta nanopinça operada sob estímulo elétrico é utilizada para sondar as características eléctricas das nanoestruturas. Poderá ser útil tanto na caraterização das nanoestruturas como na sua manipulação. As nanopinças podem ser utilizadas como um novo sensor eletromecânico capaz de detetar a pressão ou a viscosidade do meio através da medição da alteração da frequência de ressonância e do fator Q do dispositivo. Também podem ser exploradas para a manipulação e modificação de sistemas biológicos, tais como estruturas dentro de uma célula.

ii. Propriedades térmicas

Ao controlar as estruturas dos materiais à escala nanométrica, as propriedades das nanoestruturas podem ser controladas e adaptadas de uma forma muito previsível para satisfazer as necessidades de uma variedade de aplicações. As nanoestruturas artificiais incluem nanopartículas metálicas e não metálicas, nanotubos, pontos quânticos e super-redes, películas finas, nanocompósitos e dispositivos nanoelectrónicos e optoelectrónicos que utilizam as propriedades superiores dos nanomateriais para satisfazer as aplicações.

Muitas propriedades dos materiais à escala nanométrica têm sido bem estudadas, incluindo as propriedades ópticas, eléctricas, magnéticas e mecânicas. No entanto, os estudos sobre as propriedades térmicas dos nanomateriais têm registado progressos mais lentos. Isto deve-se em parte às dificuldades de medir e controlar experimentalmente o transporte térmico em dimensões nanométricas. O microscópio de força atómica (AFM) foi introduzido para medir o transporte térmico de nanoestruturas com uma resolução espacial elevada à escala nanométrica, constituindo uma forma promissora de sondar as propriedades térmicas das nanoestruturas [33]. Além disso, as simulações teóricas e a análise do transporte térmico em nanoestruturas estão ainda a dar os primeiros passos. medida que as dimensões diminuem para a nanoescala, a disponibilidade da definição de temperatura é posta em causa.

No sistema de materiais não metálicos, a energia térmica é transportada principalmente por fónons, que têm uma grande variação na frequência e nos caminhos livres médios. Os fónons que transportam o calor têm frequentemente grandes vectores de onda e um caminho livre médio da ordem dos nanómetros à temperatura ambiente, de modo que as dimensões das nanoestruturas são comparáveis ao caminho livre médio e ao comprimento de onda dos fónons. No entanto, a definição geral de temperatura baseia-se na energia média de um sistema material em equilíbrio. Para os sistemas macroscópicos, a dimensão é suficientemente grande para definir uma temperatura local em cada região dos materiais e esta temperatura local varia de região para região, pelo que se podem estudar as propriedades de transporte térmico dos materiais com base em determinadas distribuições de temperatura dos materiais. No entanto, no caso dos sistemas de nanomateriais, as dimensões podem ser demasiado pequenas para definir uma temperatura local. Além disso, é também problemático utilizar o conceito de temperatura, que é definido em condições de equilíbrio, para os processos de transporte térmico sem equilíbrio em nanomateriais, o que coloca dificuldades à análise teórica do transporte térmico em nanoescala [33].

Nos sistemas de nanomateriais, vários factores, tais como a dimensão reduzida, a forma especial e as grandes interfaces, modificam as propriedades térmicas dos nanomateriais, tornando-os com um comportamento bastante diferente do dos materiais macroscópicos. À medida que a dimensão desce para as nanoescalas, o tamanho dos nanomateriais é comparável ao comprimento de onda e ao caminho livre médio dos fónons, pelo que o transporte de fónons no interior dos materiais será significativamente alterado devido ao confinamento dos fónons e à quantização do transporte de fónons, resultando em propriedades térmicas modificadas. A estrutura especial dos nanomateriais também afecta as propriedades térmicas. Por exemplo, devido às estruturas tubulares dos nanotubos de carbono, estes têm uma condutividade térmica extremamente elevada nas direcções axiais, deixando uma elevada anisotropia no transporte de calor nos materiais [34]. As interfaces são também um fator muito importante para determinar as propriedades térmicas dos nanomateriais.

A utilização de nanofluidos para melhorar o transporte térmico é outra aplicação promissora das propriedades térmicas dos nanomateriais. Os nanofluidos são geralmente designados por materiais compósitos sólido-líquido, que consistem em nanomateriais com dimensões da ordem de 1-100nm suspensos num líquido. Os nanofluidos estão a merecer cada vez mais atenção, tanto na investigação como nas aplicações práticas, devido às suas propriedades térmicas muito melhoradas em comparação com os seus fluidos de base. Muitos tipos de nanomateriais podem ser utilizados em nanofluidos, incluindo nanopartículas de óxidos, nitretos, metais, carbonetos metálicos e nanofibras, tais como nanotubos de carbono de parede simples e de parede múltipla, que podem ser dispersos numa variedade de líquidos de base, dependendo das possíveis aplicações, tais como água, etilenoglicol e óleos. As características mais importantes dos nanofluidos são o aumento significativo da condutividade térmica em comparação com os líquidos sem nanomateriais.

iii. Propriedades estruturais

O aumento da área superficial e da energia superficial com a diminuição do tamanho das partículas leva a alterações nos espaçamentos interatómicos. Este facto deve-se à tensão de compressão induzida pela pressão interna resultante do pequeno raio de curvatura da nanopartícula. Um outro efeito é a aparente estabilidade de estruturas metaestáveis em pequenas nanopartículas e aglomerados, de tal modo que se perdem todos os vestígios da disposição atómica habitual. Sabe-se que as nanopartículas metálicas, como o ouro, adoptam formas poliédricas, como os cuboctaedros, os icosaedros multiplamente geminados e os decaedros multiplamente geminados. Estas nanopartículas podem ser consideradas como partículas cristalinas multiplamente geminadas (MTP), em que as formas podem ser entendidas em termos das energias de superfície de vários planos cristalográficos, das taxas de crescimento ao longo de várias direcções cristalográficas e da energia necessária para a formação de defeitos como as fronteiras geminadas. No entanto, há provas convincentes de que essas partículas não são cristais, mas sim cristais quase periódicos ou cristalóides. Estes quasicristais icosaédricos e decaédricos constituem a base para o crescimento posterior do nanocluster, até um tamanho em que mudarão para arranjos de empacotamento cristalino mais regulares.

Os sólidos cristalinos distinguem-se dos sólidos amorfos pelo facto de possuírem uma ordem periódica de longo alcance e de os padrões e simetrias que ocorrem corresponderem aos dos 230 grupos espaciais. Os cristais quase-periódicos não possuem tal ordem periódica de longo alcance e são distintos pelo facto de exibirem simetria quíntupla, o que é proibido nos grupos espaciais 230. Nas estruturas cúbicas de empacotamento fechado e hexagonais de empacotamento fechado, exibidas por muitos metais, cada átomo é coordenado por 12 átomos vizinhos. Todos os átomos coordenadores estão em contacto, embora não estejam distribuídos uniformemente em torno do átomo central. No entanto, existe um arranjo alternativo no qual cada átomo coordenador está situado no vértice de um icosaedro e em contacto apenas com o átomo central. No entanto, se relaxarmos este modelo de esfera atómica rígida e permitirmos que o átomo central reduza o seu diâmetro em 10%, os átomos de coordenação entram em contacto e o corpo passa a ter a forma e a simetria de um icosaedro regular com simetria de grupo pontual 235, indicando a presença de 30 eixos de simetria duplos, 20 triplos e 12 quíntuplos. Esta geometria representa o núcleo de um cristal quase-periódico que pode crescer sob a forma de icosaedros ou decaedros pentagonais.

Trata-se de sólidos duplos com simetria idêntica, sendo os vértices de um substituídos pelas faces do outro.

As características de instabilidade relacionadas com o tamanho dos cristais quase-periódicos não são bem compreendidas. Um processo frequentemente observado parece ser o da geminação múltipla, sendo esses cristais distinguidos dos cristais quase-periódicos pelos seus padrões de difração de electrões. Neste caso, as cinco faces triangulares do icosaedro simétrico de cinco dobras podem ser mimetizadas por cinco tetraedros geminados (com uma estrutura cristalina muito compacta) através de movimentos atómicos relativamente pequenos.

iv. *Propriedades químicas*

A alteração da estrutura em função do tamanho das partículas está intrinsecamente ligada às alterações das propriedades electrónicas. O potencial de ionização (a energia necessária para remover um eletrão) é geralmente mais elevado para os pequenos aglomerados atómicos do que para o material a granel correspondente. Além disso, o potencial de ionização apresenta flutuações acentuadas em função do tamanho do aglomerado, efeitos que parecem estar ligados à reatividade química dos materiais.

As estruturas à escala nanométrica, como as nanopartículas e as nanolâminas, têm uma relação superfície/volume muito elevada e estruturas cristalográficas potencialmente diferentes que podem levar a uma alteração radical da reatividade química. A catálise que utiliza sistemas à escala nanométrica finamente divididos pode aumentar a taxa, a seletividade e a eficiência das reacções químicas, como a combustão ou a síntese, reduzindo simultaneamente de forma significativa os resíduos e a poluição. As nanopartículas apresentam frequentemente uma nova química distinta das suas contrapartes de partículas maiores; por exemplo, muitos medicamentos novos são insolúveis na água quando se apresentam sob a forma de partículas de dimensão micrónica, mas dissolvem-se facilmente quando se apresentam sob a forma nanoestruturada.

v. *Propriedades magnéticas*

As nanopartículas magnéticas são utilizadas numa vasta gama de aplicações, incluindo ferrofluidos, imagiologia a cores, bioprocessamento, refrigeração, bem como suportes de memória magnética de elevada densidade de armazenamento. A grande área de superfície em relação ao volume faz com que uma proporção substancial de átomos (os que se encontram à superfície e que têm um ambiente local diferente) tenha um acoplamento magnético diferente com os átomos vizinhos, o que conduz a propriedades magnéticas diferentes.

As partículas ferromagnéticas tornam-se instáveis quando o tamanho das partículas diminui abaixo de um determinado tamanho, uma vez que a energia de superfície fornece uma energia suficiente para que os domínios mudem espontaneamente as direcções de polarização. Como resultado, os ferromagnéticos tornam-se paramagnéticos. No entanto, o ferromagnético de tamanho nanométrico transformado em paramagnético comporta-se de forma diferente do paramagnético convencional e é referido como super paramagnético. Uma definição operacional de super paramagnetismo incluiria pelo menos dois requisitos. Em primeiro lugar, a curva de magnetização não deve apresentar histerese, uma vez que esta não é uma propriedade de equilíbrio térmico. Em segundo lugar, a curva de magnetização para uma amostra isotrópica deve ser dependente da temperatura, na medida em que as curvas obtidas a diferentes temperaturas devem sobrepor-se aproximadamente quando representadas em função da histerese (H)/temperatura (T), após correção para a dependência da magnetização espontânea em relação à temperatura.

Enquanto os materiais ferromagnéticos a granel formam geralmente múltiplos domínios magnéticos, as pequenas nanopartículas magnéticas são frequentemente constituídas por um único domínio e apresentam um fenómeno conhecido como super paramagnetismo. Neste caso, a coercibilidade magnética global é então reduzida: as magnetizações das várias partículas distribuem-se aleatoriamente devido a flutuações térmicas e só se alinham na presença de um campo magnético aplicado. A magnetorresistência gigante (GMR) é um fenómeno observado em multicamadas nanométricas [35] constituídas por um ferromagneto forte (por exemplo, Fe, Co) e um tampão magnético ou não magnético mais fraco (por exemplo, Cr, Cu); é geralmente utilizado no armazenamento de dados e na deteção. Na ausência de um campo magnético, os spins em camadas alternadas estão alinhados de forma oposta através de um acoplamento anti-ferromagnético, o que dá origem a uma dispersão máxima a partir da interface entre camadas e, por conseguinte, a uma elevada resistência paralela às camadas. Num campo magnético externo orientado, os spins alinham-se uns com os outros, o que diminui a dispersão na interface e, consequentemente, a resistência do dispositivo.

vi.   Propriedades ópticas

A redução da dimensão dos materiais tem efeitos pronunciados nas propriedades ópticas. A dependência do tamanho pode ser geralmente classificada em dois grupos. Um deve-se ao aumento do espaçamento dos níveis de energia à medida que o sistema se torna mais confinado, e o outro está relacionado com a ressonância de plasma de superfície. O efeito do tamanho quântico é mais pronunciado no caso das nanopartículas semicondutoras, em que o intervalo de banda aumenta com a diminuição do tamanho, resultando na deslocação da transição interbanda para frequências mais elevadas [36, 37]. Num semicondutor, a separação de energia, ou seja, a diferença de energia entre a banda de valência completamente preenchida e a banda de condução vazia é da ordem de alguns electrões-volt e aumenta rapidamente com a diminuição do tamanho [37]. O confinamento quântico produz uma deslocação para azul no intervalo de bandas, bem como o aparecimento de sub-bandas discretas correspondentes à quantização ao longo da direção do confinamento. As propriedades ópticas dos semicondutores nanoestruturados são altamente dependentes do tamanho, pelo que podem ser modificadas variando apenas o tamanho, mantendo a composição química intacta. A emissão luminescente das nanoestruturas semicondutoras pode ser ajustada variando o tamanho das nanopartículas. No caso dos lasers de semicondutores nanoestruturados, o confinamento dos portadores e a natureza da densidade eletrónica dos estados das nanoestruturas tornam-nos mais eficientes para dispositivos que funcionam com correntes de limiar mais baixas do que os lasers com materiais a granel. Os espectros de emissão dependentes do tamanho dos poços quânticos, dos fios quânticos e dos pontos quânticos tornam-nos meios de laser atractivos. O desempenho dos lasers de pontos quânticos é menos dependente da temperatura do que o dos lasers de semicondutores convencionais [38]. O mesmo efeito de tamanho quântico é também conhecido para as nanopartículas metálicas. Contudo, para observar a localização dos níveis de energia, o tamanho tem de ser muito pequeno, uma vez que o espaçamento entre os níveis tem de exceder a energia térmica (_26meV). A ressonância plasmónica de superfície é a excitação colectiva coerente de todos os electrões livres dentro da banda de condução, conduzindo a uma oscilação em fase [39, 40]. Quando o tamanho de um nanocristal metálico é inferior ao comprimento de onda da radiação incidente, é gerada uma ressonância plasmónica de superfície [41]. A energia da ressonância plasmónica de superfície depende tanto da densidade de electrões livres como do meio dielétrico que rodeia a nanopartícula. A largura da ressonância varia com o tempo caraterístico antes da dispersão dos electrões. Para nanopartículas maiores, a ressonância torna-se mais nítida à medida que o comprimento de dispersão aumenta. Os metais nobres têm a frequência de ressonância na gama visível do espetro eletromagnético.

vii. Propriedades electrónicas

As alterações que ocorrem nas propriedades electrónicas à medida que a escala de comprimento do sistema é reduzida estão relacionadas principalmente com a influência crescente da propriedade ondulatória dos electrões (efeitos da mecânica quântica) e com a escassez de centros de dispersão. Quando a dimensão do sistema se torna comparável ao comprimento de onda de de Broglie dos electrões, a natureza discreta dos estados energéticos volta a ser evidente, embora um espetro de energia totalmente discreto só seja observado em sistemas confinados nas três dimensões. Em certos casos, os materiais condutores tornam-se isoladores abaixo de uma escala de comprimento crítica, uma vez que as bandas de energia deixam de se sobrepor. Devido à sua natureza ondulatória intrínseca, os electrões podem fazer túneis quânticos mecânicos entre duas nanoestruturas estreitamente adjacentes e, se for aplicada uma tensão entre duas nanoestruturas que alinham os níveis de energia discretos na densidade de estados, ocorre um túnel ressonante, que aumenta abruptamente a corrente de túnel.

Nos sistemas macroscópicos, o transporte eletrónico é determinado principalmente pela dispersão com fónons, impurezas ou outros portadores ou pela dispersão em interfaces rugosas. A trajetória de cada eletrão assemelha-se a um passeio aleatório e diz-se que o transporte é difusivo. Quando as dimensões do sistema são menores do que o caminho livre médio do eletrão para a dispersão inelástica, o eletrão pode viajar através do sistema sem aleatorização da fase das suas funções de onda. Isto dá origem a fenómenos de localização adicionais que estão especificamente relacionados com a interferência de fase. Se o sistema for suficientemente pequeno para que todos os centros de dispersão possam ser completamente eliminados e se os limites da amostra forem suaves para que as reflexões nos limites sejam puramente especulares, então o transporte de electrões torna-se puramente balístico, com a amostra a atuar como um guia de ondas para a função de onda do eletrão.

1.7 Aplicações de materiais nanocristalinos

A condução em estruturas altamente confinadas, como os pontos quânticos, é muito sensível à presença de outros portadores de carga e, por conseguinte, ao estado carregado do ponto. Estes efeitos de bloqueio de Coulomb resultam em processos de condução que envolvem electrões únicos e, consequentemente, requerem apenas uma pequena quantidade de energia para fazer funcionar um interrutor, um transístor ou um elemento de memória. Todos estes fenómenos podem ser utilizados para produzir tipos de componentes radicalmente diferentes para aplicações electrónicas, optoelectrónicas e de processamento de informação, tais como transístores de tunelamento ressonante e transístores de um só eletrão.

Atualmente, os implantes médicos, como os implantes ortopédicos e as válvulas cardíacas, são feitos de ligas de titânio e de aço inoxidável. Estas ligas são utilizadas principalmente em seres humanos porque são biocompatíveis, ou seja, não reagem negativamente com os tecidos humanos. No caso dos implantes ortopédicos (ossos artificiais para a anca, etc.), estes materiais são relativamente pouco porosos. Para que um implante imite efetivamente um osso humano natural, o tecido circundante tem de penetrar nos implantes, conferindo ao implante a resistência necessária. Uma vez que estes materiais são relativamente impermeáveis, o tecido humano não penetra nos implantes, reduzindo assim a sua eficácia. Além disso, estas ligas metálicas desgastam-se rapidamente, obrigando a cirurgias frequentes e muitas vezes dispendiosas. No entanto, a cerâmica nanocristalina de zircónio (óxido de zircónio) é dura, resistente ao desgaste, resistente à corrosão (os fluidos biológicos são corrosivos) e biocompatível. As nanocerâmicas também podem ser transformadas em aerogéis porosos (os aerogéis podem suportar até 100 vezes o seu peso), se forem sintetizados por técnicas solvotérmicas. Isto resulta em substituições de implantes muito menos frequentes e, consequentemente, numa redução significativa das despesas cirúrgicas. O carboneto de silício nanocristalino (SiC) é um material candidato para válvulas cardíacas artificiais, principalmente devido ao seu baixo peso, elevada resistência, dureza extrema, resistência ao desgaste, inércia (o SiC não reage com fluidos biológicos) e resistência à corrosão.

1.8 Síntese de materiais nanocristalinos

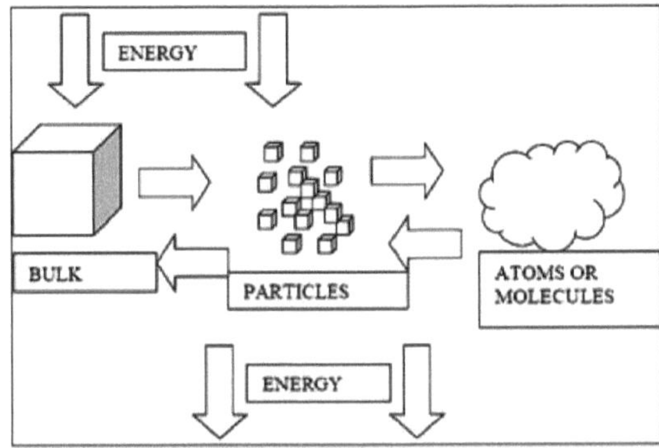

Figura 1.4: Duas abordagens básicas ao fabrico de nanomateriais: top-down (da esquerda para a direita) e bottom-up (da direita para a esquerda).

Existem duas formas gerais de produzir nanomateriais, como mostra a figura 1.4. A primeira consiste em começar com um material a granel e depois parti-lo em pedaços mais pequenos utilizando energia mecânica, química ou outra forma de energia (top-down). Uma abordagem oposta consiste em sintetizar o material a partir de espécies atómicas ou moleculares através de reacções químicas, permitindo que as partículas precursoras aumentem de tamanho (bottom-up). Ambas as abordagens podem ser efectuadas nos estados gasoso, líquido, sólido ou no vácuo. A maioria dos fabricantes está interessada na capacidade de controlar: (a) o tamanho das partículas (b) a forma das partículas (c) a distribuição do tamanho (d) a composição das partículas (e) o grau de aglomeração das partículas. Alguns dos métodos químicos por via húmida mais importantes utilizados para a preparação de nanopartículas são apresentados resumidamente a seguir:

1.8.1 Métodos químicos húmidos (método bottom-up)

A abordagem mais convencional da síntese em estado sólido consiste em colocar os precursores sólidos (como óxidos metálicos ou carbonatos) em contacto estreito através de trituração e mistura e, subsequentemente, aquecer esta mistura a temperaturas elevadas para facilitar a difusão de átomos ou iões na reação química. A difusão de átomos depende da temperatura da reação e dos contactos nos limites dos grãos. O transporte através das fronteiras de grão é também afetado pelas impurezas e defeitos aí localizados. Em comparação com a síntese em estado sólido, a difusão da matéria na fase líquida é vantajosamente muitas ordens de grandeza superior à da fase sólida, pelo que a síntese de materiais nanoestruturados pode ser efectuada a temperaturas mais baixas. A fim de obter cerâmicas à escala nanométrica a temperaturas relativamente baixas, foram propostas e desenvolvidas nas últimas décadas várias técnicas de síntese química por via húmida ou em fase líquida para nanopartículas com uma morfologia adequada. Normalmente, as técnicas começam com a preparação de uma solução precursora, na qual os iões são bem misturados à escala molecular.

(i) Liofilização e secagem por pulverização.

Na secagem por pulverização, os componentes adequados dissolvidos num solvente são pulverizados sob a forma de gotículas finas para uma câmara quente. O solvente evapora-se instantaneamente, deixando para trás uma mistura íntima de reagentes que, ao ser aquecida a temperaturas elevadas, dá origem ao produto. Na liofilização, os reagentes num solvente comum são congelados por imersão em azoto líquido e o solvente é removido a baixas pressões.

(ii) Método de co-precipitação

No método de co-precipitação[42-49], os catiões metálicos necessários, tomados como sais solúveis (por exemplo, nitratos), são co-precipitados a partir de um meio comum, geralmente como hidróxidos, carbonatos, oxalatos ou citratos. Na prática atual, pode-se tomar óxidos ou carbonatos dos metais relevantes, digeri-los com um ácido (geralmente ácido nítrico) e, à solução assim obtida, é adicionado o reagente precipitante. O precipitado, após secagem, é aquecido à temperatura necessária numa atmosfera desejada para obter o produto final. Muitos dos cupratos supercondutores foram preparados pelo método de co-precipitação [50]. A temperatura de decomposição destes precipitados é geralmente mais baixa do que a dos carbonatos cristalinos, oxalatos, etc. A precipitação homogénea pode dar origem a produtos cristalinos e amorfos. No caso do método de co-precipitação, é muito difícil obter pós homogéneos porque, em sistemas multicomponentes, vários componentes precipitam a valores de pH diferentes. Além disso, o precipitado assim obtido necessita de calcinação a temperaturas mais elevadas para obter pós úteis.

(iii) Método Sol-gel

O método sol-gel [51-55] proporcionou um meio muito importante de preparação de óxidos orgânicos. Trata-se de um método químico húmido e de um processo em várias etapas, como a hidrólise, a polimerização, a secagem e a densificação. Um aumento súbito da viscosidade é a caraterística comum no processamento sol-gel que indica o início da formação do gel. No processo sol-gel, a síntese de óxidos orgânicos é conseguida a partir de precursores orgânicos ou organo-metálicos. A maior parte da literatura sobre sol-gel trata da síntese a partir de alcóxidos. O ortossilicato de etilo e os tetra-isopropoxidos de titânio são alcóxidos típicos utilizados na síntese sol-gel. A caraterística importante do método sol-gel é a melhor homogeneidade em comparação com o método cerâmico tradicional, a elevada pureza, a temperatura de processamento mais baixa e a distribuição mais uniforme das fases em sistemas multicomponentes, o melhor controlo do tamanho e da morfologia, a possibilidade de preparar novos materiais e revestimentos cristalinos e não cristalinos [56-58].

As etapas importantes envolvidas no método sol-gel são: (1) Hidrólise: O processo de hidrólise pode começar com uma mistura de alcóxido metálico e água num solvente (geralmente álcool) à temperatura ambiente ou ligeiramente elevada. É adicionado um catalisador ácido ou básico para acelerar a reação. (2) Polimerização: Esta etapa envolve a condensação de moléculas adjacentes em água e o álcool é eliminado e formam-se ligações de óxido metálico. As redes poliméricas crescem até à dimensão coloidal no estado líquido ou no estado sólido. (3) Gelificação: Nesta fase, as redes poliméricas ligam-se para formar uma rede tridimensional em todo o líquido. O sistema torna-se algo rígido, caraterístico de um gel ou da remoção do solvente do sol. No entanto, o solvente, bem como as moléculas de água e de álcool, permanecem no interior dos poros do gel. A agregação de pequenas unidades poliméricas à rede principal prossegue progressivamente com o envelhecimento do gel. (4) Secagem: Aqui, a água e o álcool são removidos a uma temperatura moderada inferior a 470 K, deixando um óxido metálico hidroxilado com conteúdo orgânico residual. Se o objetivo for preparar um aerogel em pó de elevada área superficial e baixa densidade aparente, o solvente é removido supercriticamente. (5) Desidratação: Esta etapa é efectuada entre 670 K e 1070 K para eliminar os resíduos orgânicos e a água quimicamente ligada, produzindo um óxido metálico vítreo com até 20-30% de microporosidade. (6) Densificação: A temperatura superior a 1270 K é utilizada para formar o produto de óxido denso. O processo Sol-gel é uma operação em várias etapas que envolve a calcinação durante um período prolongado a alta temperatura para obter pós e o processamento de grandes volumes de líquidos com um rendimento relativamente baixo.

1.8.2 Método solvotérmico

Nos últimos anos, o estudo do fabrico de nanoestruturas de uma dimensão (1D) tem atraído uma enorme atenção devido às suas propriedades intrigantes. Espera-se que estes novos materiais à escala nanométrica tenham muitas aplicações potenciais tanto na investigação mesoscópica como no desenvolvimento de nanodispositivos. Foram desenvolvidos numerosos métodos para o fabrico destes materiais. O método solvotérmico, que é um método poderoso para a síntese de materiais, tem atraído uma enorme atenção [59]. A síntese solvotérmica é um método de produção de compostos químicos. É muito semelhante à via hidrotérmica (onde a síntese é realizada numa autoclave de aço inoxidável), a única diferença é que a solução precursora não é normalmente aquosa (no entanto, nem sempre é este o caso em todos os usos da expressão na literatura). Assim, a síntese solvotérmica permite o controlo preciso do tamanho, da distribuição da forma e da cristalinidade das nanopartículas ou nanoestruturas de óxidos metálicos. Estas características podem ser alteradas através da modificação de determinados parâmetros experimentais, incluindo a temperatura da reação, o tempo de reação, o tipo de solvente, o tipo de tensioativo e o tipo de precursor.

A síntese solvotérmica é um método para preparar uma variedade de materiais, tais como metais, semicondutores, cerâmicas e polímeros. O processo envolve a utilização de um solvente sob pressão moderada a alta (normalmente entre 1 atm e 10.000 atm) e temperatura (normalmente entre 100 °C e 1000 °C) que facilita a interação dos precursores durante a síntese. Se for utilizada água como solvente, o método é designado por "síntese hidrotérmica". A síntese em condições hidrotérmicas é geralmente efectuada abaixo da temperatura supercrítica da água (374 °C). O processo pode ser utilizado para preparar muitas geometrias, incluindo películas finas, pós a granel, cristais simples e nanocristais. Além disso, a morfologia (esfera (3D), vareta (2D) ou fio (1D)) dos cristais formados é controlada através da manipulação da super saturação do solvente, da concentração do produto químico de interesse e do controlo cinético. O método pode ser utilizado para preparar estados termodinamicamente estáveis e metaestáveis, incluindo novos materiais que não podem ser facilmente formados a partir de outras vias sintéticas. Durante a última década, a maioria (~80%) da literatura relativa à síntese solvotérmica centrou-se nos nanocristais; por conseguinte, esta revisão destacará alguns avanços na síntese solvotérmica nanocristalina. O interesse pelos nanocristais é motivado pelas suas propriedades únicas. Um exemplo das propriedades únicas dos nanocristais é ilustrado pela descoberta de pontos quânticos (QDs) sintetizados solvotermicamente. Luis Brus[1D,2D] explicou pela primeira vez que as nanopartículas de sulfureto de cádmio, CdS, preparadas por via hidrotérmica numa suspensão aquosa, apresentavam um desvio para azul nos espectros de absorção e emissão visíveis, em comparação com o CdS a granel. As partículas cujo raio é inferior ao raio de Bohr do Exciton apresentam níveis de energia discretos semelhantes aos de um único átomo. Ao contrário das energias de banda observadas em materiais a granel, cada diâmetro único do cristal à escala nanométrica corresponde a uma energia discreta. Os materiais que apresentam esta caraterística são designados por "átomos artificiais" ou pontos quânticos. Revisões recentes elucidam o grau em que as técnicas de síntese solvotérmica são agora uma técnica essencial para controlar o tamanho dos materiais semicondutores II-VI e III-V. A síntese dos QDs requer tipicamente um material de origem catiónica que seja solúvel no solvente escolhido e um surfactante que cubra ou estabilize o ponto quântico, impedindo o seu crescimento.

Em comparação com a via de síntese baseada na química coloidal, o método solvotérmico tem a vantagem de obter nanopartículas puras e limpas com elevado grau de cristalinidade. Além disso, tem o mérito de apresentar condições de reação relativamente suaves em comparação com os métodos de engenharia de intervalo de banda, como a deposição química e física de vapor, a ablação por laser, a epitaxia por feixe molecular e a epitaxia por camada de átomos. Recentemente, foram publicados muitos trabalhos sobre a síntese de calcogenetos pelo método solvotérmico [60].

1.9 Nanopartículas semicondutoras

Quase todos os sistemas materiais, incluindo os metais, os isoladores e os semicondutores, apresentam propriedades electrónicas ou ópticas dependentes do tamanho no regime de tamanho quântico. Entre estas, a modificação do intervalo de energia dos semicondutores é a mais atractiva devido à sua importância fundamental e tecnológica [61]. Os semicondutores com um intervalo de energia amplamente sintonizável são considerados materiais para a próxima geração de ecrãs planos, dispositivos fotovoltaicos, optoelectrónicos, lasers, sensores e dispositivos fotónicos com intervalo de banda. Quando a dimensão de um material é continuamente reduzida do tamanho macroscópico para nanómetros, as propriedades físicas e químicas alteram-se drasticamente. A grande importância dos semicondutores deve-se ao facto de a sua condutividade eléctrica poder ser grandemente alterada através de um estímulo externo (tensão, fluxo de fotões, etc.), o que faz dos semicondutores peças fundamentais de muitos tipos diferentes de circuitos eléctricos e aplicações ópticas [62]. As propriedades ópticas dos pontos quânticos podem ser facilmente ajustadas em função do tamanho das partículas [63]. O intervalo de banda pode ser controlado com a alteração do tamanho do nanomaterial, de modo a que possam ser observadas emissões de cores diferentes a partir do mesmo material. Estes pontos quânticos do mesmo material podem ser utilizados para o fabrico de LEDs com emissão em todo o espetro visível.

1.9.1 Aplicações de nanopartículas semicondutoras

Os semicondutores nanocristalinos têm sido objeto de numerosas investigações nas últimas duas décadas. Se as partículas semicondutoras se tornarem mais pequenas do que o raio de Bohr do excitão, ocorrem efeitos de tamanho quântico. Como resultado destes efeitos de tamanho quântico, o intervalo de banda do semicondutor aumenta e nos limites das bandas de valência e de condução ocorrem níveis de energia discretos [64]. Por outro lado, os estados de superfície desempenharão um papel mais importante nas nanopartículas, devido ao seu grande rácio superfície/volume com uma diminuição do tamanho das partículas. No caso das nanopartículas semicondutoras, a recombinação radiativa ou não radiativa de um excitão nos estados de superfície torna-se dominante nas suas propriedades ópticas com a diminuição do tamanho da partícula. Por conseguinte, o decaimento de um excitão nos estados de superfície influenciará as qualidades do material para um dispositivo optoelectrónico. Estas propriedades ópticas dependentes do tamanho têm muitas aplicações potenciais nas áreas da conversão de energia solar, dispositivos emissores de luz, sensores químicos/biológicos e fotocatálise [65]. Entre a família de semicondutores II-VI, CdS, ZnS, ZnO, CdTe, etc. são os principais candidatos devido às suas propriedades electrónicas e ópticas favoráveis para aplicações optoelectrónicas.

1.9.2 Materiais CdS

Espera-se que os semicondutores II-VI de grande intervalo de banda sejam os novos materiais para os dispositivos optoelectrónicos. O CdS é um membro importante desta família e tem sido objeto de uma investigação aprofundada [66], dado que tem inúmeras aplicações. O CdS tem sido amplamente utilizado como um importante fósforo para dispositivos de fotoluminescência (PL), eletroluminescência (EL) e catodoluminescência (CL) devido à sua melhor estabilidade química em comparação com outros calcogenetos como o CdSe. O CdS é um semicondutor II-VI importante do ponto de vista comercial, com um grande intervalo de banda ótica, o que o torna um material muito atrativo para aplicações ópticas, especialmente na forma nanocristalina. O CdS pode ter duas estruturas cristalinas diferentes (greenockite e hawleyite), ambas com estrutura de banda direta [67,68]. O CdS tem sido utilizado principalmente como pigmento. Além disso, o cristal de CdS e o seleneto de cádmio são utilizados no fabrico de fotorresistências (resistências dependentes da luz) sensíveis à luz visível e aos infravermelhos próximos.

1.9.3 Propriedades das nanopartículas de CdS

O sulfureto de cádmio tem duas formas cristalinas: a estrutura hexagonal mais estável de wurtzite (encontrada no mineral Greenockite) e a estrutura cúbica de blenda de zinco (encontrada no mineral Hawleyite), como se mostra na figura (1.5) e as estatísticas vitais do sulfureto de cádmio são apresentadas na tabela (1.2). Em ambas as formas, os átomos de cádmio e de enxofre têm quatro coordenadas. O sulfureto de cádmio é um semicondutor de hiato de banda direto, com um hiato de banda de 2,42 eV a 300K. A magnitude do seu intervalo de banda faz com que apareça colorido. Quando as soluções de sulfureto que contêm sulfureto de cádmio são irradiadas com luz, é gerado gás hidrogénio. A condutividade do CdS aumenta quando é irradiado com luz, razão pela qual é utilizado como foto-resistência. Quando o CdS é combinado com um semicondutor de tipo p, forma o componente central de uma célula fotovoltaica (solar). Quando fabricado em películas finas, pode ser utilizado como transístor. Tem também as propriedades de eletroluminescência e catodoluminescência. A catodoluminescência significa que, quando o CdS é misturado com o cobre, que actua como ativador, e com o alumínio, que actua como coactivador, produz luminescência sob excitação de feixes de electrões. Assim, é utilizado como fósforo. Ambos os polimorfos são piezoeléctricos e o hexagonal é também piroelétrico e eletroluminescente. O cristal de CdS pode atuar como um laser de estado sólido. O sulfureto de cádmio é solúvel em ácidos. Este procedimento tem sido investigado como um método de extração de pigmentos de resíduos de polímeros. Os cristais de sulfureto de cádmio podem atuar como um laser de estado sólido. O CdS é também conhecido como amarelo de cádmio e, adicionando várias quantidades de selénio e seleneto, é possível obter uma gama de cores, como o pigmento laranja e o pigmento vermelho. Estes pigmentos sintéticos de cádmio são valorizados pela sua boa estabilidade térmica, resistência à luz e às intempéries, resistência química e elevada opacidade.

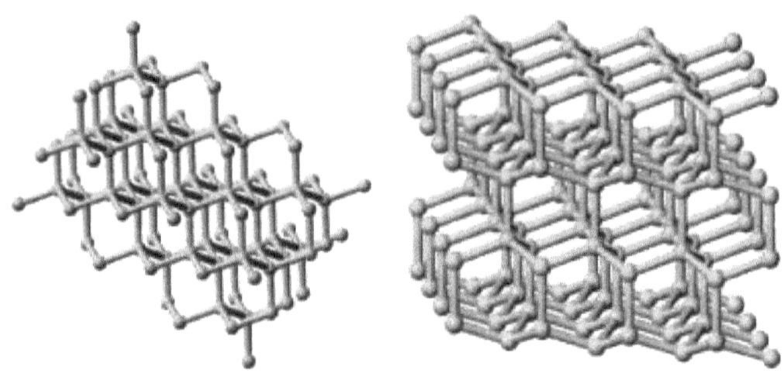

Figura 1.5: (a)Greenockite (b)Hawleyite

Quadro 1.2: Estatísticas vitais do sulfureto de cádmio

Fórmula	CdS
Sistema de cristais	Cúbico, Hexogenal
Tipo de rede	Cúbico de face centrada (fcc)
Densidade	4,82 g/cm3, sólido.
Ponto de fusão	1750 °C a 100 bar (10 MPa
Nomes alternativos	Greenockite, Hawleyite

1.9.4 Síntese de nanopartículas de sulfureto

A síntese de partículas à escala nanométrica tem merecido uma atenção considerável, tendo em conta o potencial de novos materiais com propriedades inovadoras e a conceção de catalisadores com dimensões e composição específicas. Os materiais à escala nanométrica possuem várias propriedades únicas, tais como uma grande área de superfície, propriedades de adsorção invulgares, defeitos de superfície e difusividades rápidas. Este capítulo aborda várias técnicas que foram utilizadas no crescimento de nanoestruturas. As nanopartículas, os nanobastões e as estruturas de poços quânticos foram cultivados por método hidrotérmico, ablação por laser pulsado em fase líquida e técnicas de deposição por laser pulsado. Foram utilizadas várias ferramentas de caraterização para estudar as suas propriedades estruturais, morfológicas, ópticas e magnéticas.

1.9.5 Dopagem em nanopartículas semicondutoras

Os semicondutores intrínsecos precisam de ser dopados para modificar as suas propriedades. A dopagem máxima normalmente utilizada em massa é da ordem de um átomo de dopante por cada 10^5 átomos. A dopagem de nanocristais a esses níveis não é realista, uma vez que a sua nuclearidade é frequentemente inferior a 10^5 átomos. Além disso, os nanocristais possuem uma estrutura de bandas diferente, bem como um carácter excitónico devido ao confinamento quântico. Os nanocristais semicondutores são dopados com uma pequena percentagem de impurezas para criar centros de impurezas que interagem com electrões e buracos. Os dopantes não afectam os espectros de absorção, mas a intensidade de emissão aumenta consideravelmente. A dopagem é conseguida através da simples introdução do dopante na mistura reactiva. Foi sugerido que o sucesso da dopagem está relacionado com a energia de ligação dos iões dopantes à superfície exposta do nanocristal em crescimento. Energias de ligação elevadas conduzem a uma adsorção e dopagem bem sucedidas, enquanto energias de ligação baixas significam que a dopagem é desfavorecida. Os semicondutores, na forma nanocristalizada, exibem propriedades eléctricas, ópticas e estruturais nitidamente diferentes das dos semicondutores a granel [69]. De entre estes, o que é adequado como material hospedeiro de fósforo apresenta propriedades luminescentes consideráveis dependentes do tamanho quando uma impureza é dopada numa estrutura quantum-confinada. A incorporação da impureza transfere a via de recombinação dominante do estado de superfície para o estado de impureza. Se a transição induzida pela impureza puder ser localizada, como no caso dos metais de transição ou dos elementos de terras raras, a eficiência radioactiva da emissão induzida pela impureza aumenta significativamente. As características de emissão e decaimento dos fósforos são, por conseguinte, modificadas na forma nanocristalizada. Além disso, a deslocação contínua do limite de absorção para energias mais elevadas, devido ao efeito de confinamento quântico, confere a estes materiais uma certa capacidade de adaptação. Obviamente, todos estes atributos de um material fosforoso nanocristalino dopado são muito atraentes para dispositivos optoelectrónicos.

Sabe-se que os elementos de terras raras (ER) são centros luminescentes eficazes. Os materiais II-VI luminescentes dopados com ER, por exemplo, CaS e SrS dopados com Eu, Ce e Sm, são candidatos promissores para aplicação em dispositivos de eletroluminescência de película fina a cores. No entanto, a instabilidade e a natureza higroscópica do CaS e do SrS constituem problemas nas suas aplicações, enquanto o CdS é mais estável do que o CaS ou o SrS como hospedeiro de materiais luminescentes. O raio de Bohr do excitão dos semicondutores IIVI é maior, o que resulta em efeitos de confinamento quântico pronunciados para nanopartículas de cerca de 2,5 nm e mais pequenas. Por conseguinte, uma possível influência dos efeitos do tamanho quântico nas propriedades luminescentes dos iões RE só é esperada em nanocristais semicondutores II-VI [70]. Foram publicados vários trabalhos sobre a luminescência de semicondutores II-VI nanocristalinos dopados com Tb^{3+}, Sm^{2+}, Eu /Eu^{3+2+}. Os raios iónicos dos iões RE são muito maiores do que os do Zn^2+ ($Eu^3+ = 0,95$ e $Zn^2+ = 0,75$). Se assumirmos que o ião RE está incorporado num sítio da rede de Zn^{2+}, tal como os iões Mn^{2+} no CdS:Mn nanocristalino, a rede hospedeira de ZnS tem de se deformar localmente. Além disso, a carga 3^+ de um ião RE num sítio 2^+ tem de ser compensada algures na rede hospedeira. Finalmente, as diferenças nas propriedades químicas entre o Zn^{2+} e o RE^{3+} não favorecem a substituição do Zn^{2+} pelo RE^{3+}. No entanto, sabe-se que os iões RE podem ser incorporados em semicondutores II-VI a granel. Foi observada uma luminescência eficiente de transições intraconfiguracionais para iões RE em CdS a granel após excitação acima do intervalo de banda.

1.10 Estudo da literatura relevante e âmbito

Durante a última década, a preparação e caraterização de materiais à escala nanométrica proporcionou não só uma nova física em dimensões reduzidas, mas também a possibilidade de fabricar novos materiais. A pequena dimensão do grão e a grande quantidade de limites de grão resultam em materiais nanoestruturados que podem possuir propriedades melhoradas, como a homogeneidade das fases e a microestrutura, conduzindo a propriedades mecânicas, eléctricas, dieléctricas, magnéticas e ópticas únicas [71, 72] .

As nanopartículas semicondutoras demonstraram características de luminescência superiores e uma elevada eficiência quântica [73]. Os nanocristais semicondutores luminescentes, designados por nanofósforos, têm despertado grande interesse nos últimos tempos devido às suas novas e invulgares propriedades estruturais, electrónicas e ópticas [74-76]. Os nanofósforos baseados em diferentes chaleogenetos metálicos, tais como CdS, ZnS, CdSe, e os seus sistemas dopados têm mostrado fenómenos interessantes, tais como a emissão de luz visível induzida pelo tamanho [77], a redução do tempo de vida radioativo [78], efeitos de foto-piscar [79], electro-luminescência [80] e luminescência eficiente em cátodos de baixa tensão [81]. Estas propriedades abriram uma série de novos domínios de aplicação para estes materiais, tais como marcadores de ADN [82], biossensores [83], díodos emissores de luz [84] e lasers [85]. Entre estas novas classes de materiais luminescentes, os nanofósforos de CdS:Zn têm sido estudados sobretudo devido à redução do seu tempo de vida radioativo e ao aumento da eficiência de emissão. Recentemente, foi comunicada a dopagem de CdS nanométrico com Mn^{2+}, Cu^{2+} e Cl [86-89]. É também de notar que o CdS : Mn^{2+} e Cu^{2+} são os materiais luminescentes mais estudados. Existem apenas alguns relatórios sobre os nanofósforos de CdS:Cl, uma vez que foram desenvolvidos numerosos métodos para o fabrico desses materiais [90-94]. Recentemente, o processo solvotérmico, como um método poderoso para a síntese de materiais, atraiu uma enorme atenção [95,96]. As propriedades fotoluminescentes dos nanocristais e nanofios de CdS, dopados com cobre e maganésio, são estudadas e sintetizadas pelo método solvotérmico [97-107].

Os fósforos acima referidos são materiais luminescentes eficientes e componentes insubstituíveis de dispositivos emissores de luz como os tubos de raios catódicos (CRT), os ecrãs de plasma (PDP) e os ecrãs de emissão de campo (FED). Estes últimos ganharam um maior interesse [108] e foram reconhecidos como uma das tecnologias mais promissoras no mercado dos ecrãs de ecrã plano (FPD) [109-113] devido às suas características mais importantes, como grande luminosidade, ângulos de visão horizontais e verticais amplos, boa relação de contraste, elevada eficiência com baixo consumo de energia, tempo de resposta curto e ampla gama de temperaturas de trabalho. Recentemente, foram registados fósforos nanocristalinos dopados com terras raras para FEDs [114].

O efeito da temperatura, do tempo e da concentração do dopante nos semicondutores CdS II-VI tem sido amplamente investigado. Foi também relatada uma quantidade considerável de trabalho nos estudos de XRD e de microscopia eletrónica de varrimento (SEM) para determinar o tamanho das partículas, a morfologia e a simetria dos iões Mn e Cu. Para o estudo da análise morfológica, foi relatado um SEM de alta resolução e, para os estudos EDAX, a análise elementar [116 -119]. O estudo da absorvância UV-VIS efectuado com diferentes materiais dopantes em diferentes concentrações também foi relatado [120-123]. A transmitância UV- VIS foi estudada [124]. A análise espetral FTIR de amostras puras e dopadas também foi registada em diferentes concentrações [124,125]. O fabrico e diferentes caracterizações como XRD, SEM, FTIR e estudos térmicos de nanopartículas de CdS recozidas utilizando diferentes radiações são relatados [126]. A análise termogravimétrica (TGA) e a Calorimetria Exploratória Diferencial (DSC) foram registadas em diferentes artigos [127].

A física dos materiais no regime nanométrico tem sido objeto de consideráveis estudos teóricos e experimentais durante a última década [128-137]. O efeito de tamanho quântico do confinamento de electrões em sistemas de tamanho reduzido foi previsto teoricamente e observado experimentalmente em muitos casos [138-140].

Podem ser utilizados vários métodos para preparar as nanopartículas semicondutoras de sulfureto metálico, tais como a reação direta do elemento num recipiente de quartzo a alta temperatura [141, 142], a reação de estado sólido em moinho de bolas [143], o método de deposição química [144], o método de decomposição térmica [145], o método hidrotérmico [146], o método solvotérmico [147], o método sonoquímico [148] e o método eletroquímico [149]. Algumas reacções requerem temperaturas elevadas para iniciar a reação, utilizando H_2S tóxico como fonte ou o produto final contendo algumas impurezas.

A obtenção de materiais em condições mais simples tem sido um objetivo de muitos cientistas. Os métodos tradicionais requerem geralmente temperaturas elevadas, e/ou alta pressão, e/ou proteção de atmosfera inerte, e/ou precursores organometálicos tóxicos, sendo difícil obter materiais nanocristalinos nestas condições. No presente estudo, nanopartículas de CdS puro e CdS dopado: Tm (Tm = Zn, Mu e Cu) foram sintetizadas.

Referências

[1]   H. Zhao, Y. Ning, Gold Bull, vol. **33** (2000), 103.

[2]   M. Faraday, Philosophical Transactions, vol.**147** (1857), 145.

[3]   R. P. Feynman, Philosophical Transactions, Reinhold, Nova Iorque (1961).

[4]   H. W. C. Postma, T. Teepen, Z. Yao, M. Grifoni, C. Dekker.Science., vol.**76** (2001), 293.

[5]   S. J. Tans, M. H. Devoret, H. Dai, A. Thess, R. E. Smalley, L. J. Geerligs, Nature, vol.**386** (1997), 474.

[6]   K. Keren, R. S. Berman, E. Buchstab, U. Sivan, E. Braun, Science, vol. **302** (2003),1380.

[7]   S. J. Tans, A. R. M. Verschueren, C. Dekker, Nature, vol.**393**, 49.

[8]   R. Martel, T. Schmidt, H. R. Shea, T. Hertel, A. Ph. Appl. Phys.Lett., vol.**73** (1998), 2447.

[9] J. H. Davies, The Physics of Low-Dimensional Semiconductors, Cambridge University Press, Cambridge, (1998).

[10] T. Numai, Fundamentals of Semiconductor Lasers, Springer, NewYork, (2004).

[11] M. A. Zimmler, J. Bao, F. Capasso, S. Mller, C. Ronning, Appl.Phys. Lett., vol.**93** (2008), 051101.

[12] A. Javey, S. Nam, R. S. Friedman, H. Yan, C. M. Lieber, NanoLett., vol.**7** (2007),773.

[13] L. Tsakalakos, J. Balch, J. Fronheiser, B. A. Korevaar, O. Sulima, J. R,. Appl. Phys. Lett., vol. **91** (2007), 233117.

[14] S. M. Tanner, J. M. Gray, C. T. Rogers, K. A. Bertness, N. A.Sanford, Appl. Phys. Lett., vol.**91** (2007), 203117.

[15] Z. Y. Fan, J. G. Lu. Appl. Phys, Lett, vol. **86** (2005), 123510.

[16] M. Haruta, S. Tsubota, T. Kobayashi, H. Kageyama, M. J. Genet, B. Delmon, J.Catal, vol.**144** (1993), 123.

[17] E. C. Garnett, W. Liang, P. Yang, Adv. Mater, vol.**19** (2007), 2346.

[18] J. Wang, J. Polleux, J. Lim, B. Dunn, J. Phys, Chem. C, vol.**111** (2007), 14925.

[19] C. Mah, I. Zolotukhin, T. J. Fraites, J. Dobson, C. Batich, B. J.Byrne, Mol Therapy, vol. **1** (2000), 239.

[20] M. Pereiro, D. Baldomir, J. Botana, J. E. Arias, K. Warda, L. Wojtczak. J, Appl. Phys., vol.**103** (2008), 315.

[21] G. Cao, Nanostructures & Nanomaterials: Synthesis, Properties &Applications, Imperial College Press, Londres, (2004).

[22] H. Ogawa, M. Nishikawa, A. Abe. J, Appl. Phys., vol.**53** (1982), 4448.

[23] H. Luth, Surfaces and Interfaces of Solid Materials, Springer, Hei-delberg, (1995).

[24] L. E. Brus, J. Chem, Phys., vol. **80** (1984), 4403.

[25] Al. L. Efros, M. Rosen, Annu. Rev, Mater Sci., vol. **30** (2000), 475.

[26] Al. L. Efros, A. L. Efros, Sov. Phys. Semicond., vol.**16** (1982), 772.

[27] R.W. Siegel, Propriedades mecânicas e comportamento de deformação de materiais com microestruturas ultrafinas. In: Nastasi M, Parkin DM, Gleiter H, editores, (1993).

[28] C. Suryanarayana, Bull Mater. Sci., vol. **17** (1994), 307.

[29] H. Gleiter, Ata Mater, vol. **48** (2000) 1.

[30] S. Veprek, A. S. Argon, Surface andCoatings Technology, vol. **146** (2001), 175.

[31] S. W. Stanislaus, T. W. Adam, O. Teri Wang, H. Jin-Lin, K. Philip, V. V. Dimitri, M.

L. Charles, Appl. Phys. Lett., vol. **73** (1998), 3465.

[32] G. C. David, K. F. Wayne, E. G. Kenneth, D. M. Gerald, M. Arun, J. M. Humphrey M. Roberto, R. P. Simon, J. Appl. Phys., vol. **93** (2003), 793.

[33] M. S. Dresselhaus, G. Dresselhaus, P. Avouris, Carbon Nanotubes Synthesis, Structure, Properties, and Applications, Springer, Berlin, (2001).

[34] M. N. Baibich, J. M. Broto, A. Fert, F. Nguyen Van Dau, F. Petroff, P. Eitenne, G Creuzet, A. Friederich, , J. Chazelas. Phys. Rev. Lett., vol.**61** (1988), 2472.

[35] A.J. Nozik, R. Memming, J. Phys. Chem., vol.**100** (1996), 13061.

[36] Y. Wang, N. Herron, J. Phys. Chem., vol.**95** (1991), 525.

[37] M. H. Huang, Y. Y. Wu, H. Feick, N. Tran, E. Weber, P. D. Yang, Adv. Mater., vol.**13** (2001), 113.

[38] M. Kerker, The Scattering of Light and Other Electromagnetic Radiation, Academic Press, Nova Iorque (1969).

[39] C.F. Bohren, D.R. Huffman, Adsorption and Scattering of Light by Small Particles, Wiley, New York (1983).

[40] U. Kreibeg, M. Vollmer, Optical Properties of Metal Clusters, Springer- Verlag, Berlim (1995).

[41] S. Shionoya, W. Yen, Phosphor Handbook, CRC Press, Boca Raton, FL (1998).

[42] R.S. Liu, C.T. Chang, P.T. Wu, Inorg. Chem, vol.**28** (1989) 154.

[43] A.K. Himanshu, B.K. Choudhary, S.N. Singh, D.C. Gupta, S.K. Bandyopadhayay, T.P. Sinha,Solid State Sciences, vol.**12** (2010) 1231.

[44] V.R. Palkar, M.S. Multani, Mater. Res. Bull, vol. **14** (1979) 1353.

[45] P. Duran, C. Moure, Am. Ceram. Soc. Bull, vol.**64** (1985) 575.

[46] S. Shao, Q. Zhang, J. Su, D. Sun, Z. Wang, S. Yin,J. Rare Earths, vol. **25** (2007) 158.

[47] Y. Yoshikawa, K. Tsuzuki, J. Am. Ceram. Soc., vol.**75** (1992) 2520.

[48] Y. Yoshikawa, K. Tsuzuki, Bri. Ceram.Trans., vol.**95** (1996) 49.

[49] D.E. Dausch, G.H. Haertling, J. Mater. Sci., vol.**1** (1996) 3409

[50] C.N.R. Rao, R. Nagarajan, R. Vijayaraghavan, Supercond. Sci. Tech., vol.**6** (1993) 1.

[51] P. Barboux, J.M. Tarascon, L.H. Greene, G.W. Hull, B.G. Bagley, J. Appl. Phys., vol.**63** (1988) 2725.

[52] R. Sanjines, T.K. Ravindranathan, J. Kiwi, J. Am. Ceram. Soc., vol.**71** (1988) C 512.

[53] L.M. Brown, K.S. Mazdiyasni, J. Am. Ceram. Soc., vol.**55** (1972) 541.

[54] A. Khorsand Zak, W.H. Abd. Majid, Ceramics International, vol.**36** (2010)1905.

[55] C. J. Brinker, G. W. Scherer, Sol-Gel Science, The Physics and Chemistry of Sol-Gel Processing, Academic Press, Nova Iorque (1990).

[56]   L.L. Hench, D.R. Ulrich (eds), "Science of Ceramic Chemical Processing", John Wiley, Nova Iorque (1986).

[57]   R. Roy, J. Am. Ceram. Soc., vol.**52** (1969) 344.

[58]   J. Livage, M. Henry, C. Sonchez, Prog. Solid State Chem, vol.**77** (1992) 153.

[59]   Yanli, Fuzhihuang, Qingminzhang, Zhennangu, Solvothermal synthesis of nanocrystalline materials, Journal of Materials Science, vol.**35** (2000) 5933 -5937.

[60]   Anukorn Phuruangrata, Titipun Thongtemb e Somchai Thongtem, Characterisation of one-dimensional CdS nanorods synthesised by solvothermal method,Journal of Experimental Nanoscience, vol.**47** (2009), 54.

[61]   R.Rossetti, J.L. Ellison, J.M. Gibson, L.E. Brus, J. Chem. Phys., vol.**80** (1994) 4464.

[62]   W. Sang, Y.O. Qian, J. Min, Do. Li, L. Wang, W. Shi, Yi. Liu, SolidStat Commun, vol.**121** (2002) 475.

[63]   A.P. Alivisatos, Science, vol.**271** (1996) 933.

[64]   J.H. Park, J.Y. Kim, B.D. Chin, Y.C. Kim, O.O. Park, Nanotechnology, vol.**15** (2004) 1217.

[65]   V.L. Colvin, M.C. Schlamp, A.P. Alivisatos, Nature, vol.**370** (1994) 276.

[66]   Yan Li, Fuzhi Huang, Qingmin Zhang, Zhennan Gu, Materials Science, vol.**35** (2000) 5933 - 5937.

[67]   D. Lincot, Gary Hodes, The Electrochemical Society (2006)ISBN 1-56677-433-0

[68]   Wells A.F, Structural Inorganic Chemistry Oxford Science Publications (1984), ISBN0-19-855370-6.

[69]   H. Chander, Phys. Rev. Lett., vol. **11** (2006) 76.

[70]   A.A. Bol, R.V. Beek, A. Meijerink, Chem. Mater., vol.**14** (2002) 1121.

[71]   G. Skandan, H. Hahn, M. Roddy, W.R. Cannon, J. Am. Ceram, Soc., vol.**77** (1994) 1706.

[72]   A.B. Ellis, M.J. Geselbracht, B.J. Johnson, G.C. Lisenky, W.R. Robinson, Teaching General Chemistry: A Materials Science Companion, American Chemical Society, Washington, DC (1993).

[73]   L.E. Brus, Acc. Chem. Res., vol. **23** (1990) 183.

[74]   R. Rosetti, R. Hull, J.M. Gibson, L.E. Brus, J. Chem. Phys., vol.**82** (1985) 552.

[75]   Y. Wang , N. Herron, J. Phys. Chem., vol.**95** (1991) 525

[76]   G.Murugadoss, J. Luminescence, vol.**130** (2010) 2207.

[77]   C.B. Murray, D.J. Norris, M.G. Bawendi, J.Am. Chem. Soc., vol.**115** (1993) 706.

[78]   R.N. Bhargava, D. Gallangher, Phy. Rev. Lett., vol.**72** (1994) 416.

[79]   M. Nirmar, B.O.Dabbousi, M.G. Bawendi, J.K. Trautman, T.D. Harris, L.E. Brus, Nature, vol.**383** (1996) 802.

[80]   V.L. Colvin, M.C, Schlamp, A.P. Alivisators, Nature, vol.**370** (1994) 354.

[81]   A.D. Dinsmore, D.S. Hsu, S.B. Qadri, J.O. Cross, T.A. Kennedy, H.R. Gray, B.R. Ratna, J. Appl. Phys., **88** (2000) 4985.

[82]   W.C.W. Chan, S. Nie, Science, vol.**281** (1998) 2016.

[83]   C.J. Murphy, Adv. Photo Chem, vol.**26** (2001) 145.

[84]   D. Childs, S. Malik, P. Siverns, C. Roberts, R. Murray, Mater. Res. Soc. Symp. Proc., vol. **571** (2000) 267.

[85]   J.T. Hu, L.S.Li, W.D. Yang, L. Manna, L.W. Wang, A.P. Alivisatos, Science, vol.**292** (2001) 2060.

[86]   Piyush Vishwakarma, M. Ramrakhiam, P. Singh, D. P. Bisen, The Open Nano Science Ju., vol.**5** (2011), 34-40.

[87]   S.M. Mahdavi, A. Irajizad, A. Azarian, R.M. Tilaki, Science Iranica, vol.**15** (2008) 360-365.

[88]   P. Venkatesu, K. Ravichandran, Adv. Mat. Lett., vol. **4(3)** (2013), 202-206.

[89]   M. Sima, I. Enculescu, A. Ioncea, T. Visan, C. Trautmann, Chalcogenide Let., vol. **10** (2004), 119-124.

[90]   Horvath, J.H. Fendler, J. Phys. Chem. Vol.**96** (1992) 9591.

[91]   M. L. Steigerwald, A. P. Alivisatos, J. M. Gibson, T. D. Harris, R. Kortan, A. J.

Muller, A. M. Thayer, T. M. Duncan, D. C. Douglass, J Am.Chem. Soc., vol.**110** (1988), 3046.

[92]   J. F. Xu, W. Ji, J. Y. Lin, S. H. Tang, Y. W. Du, Appl. Phys.A **S**

[93]   Z. Pan,X. Liu, S. Zhang, G. Shen, L. Zhang, Z. Lu e J. Liu, J. Phys. Chem.B., vol. **101** (1997), 9703.

[94]   C. B. Murray, D. J. Norris e M. G. Bawendi, J Am.Chem. Soc., vol.**15** (1993), 8706.

[95]   Y. Xie, Y. Qian, W. Wang, S. Zhang, Y. Zhang, Science, vol.**272** (1996) 1926.

[96]   G. Demazeau, J.Mater. Chem., vol.**9** (1999),10.

[97]   M. Schur, H. Rijnberk, C. Nather, Polyhedron, **vol18** (1998), 101.

[98]   C. L. Cahill, B. Gugliotta, J.B. Parise, Chem.Commun., vol.**16** (1998), 1715.

[99]   M. Schur, W. Bensch, Z. Anorg. Allg. Che., vol.**624** (1998), 310.

[100] G. C. Guo, R. M. W. Kwok, T. C. W. Mak, Inorg.Chem. Soc., vol.**36** (1997), 2475.

[101] C. Reisner, W. Tremel, Chem.Commun., vol.**4** (1997), 387.

[102] Y. Li, Y. Ding, Y. Qian, Y. Zhang, L. Yang, Inorg. Chem., vol.**37** (1998), 2844.

[103] J. Hu, Q. Lu, K. Tang, Y. Qian, G. Zhou, X. Liu, Chem.Commun., vol.**12** (1999) 1093.

[104] X. Qian,X. Zhang, C. Wang, Y. Xie, Y. Qian, Inorg.Chem., vol. **38** (1999), 2621.

[105] W. Wang, Y. Geng, P. Yan, F. Liu, Y. Xie, Y. Qian, J Am.Chem. Soc., vol.**121** 1999), 4062.

[106] W. Wang, P. Yan, F. Liu, Y. Xie, Y. Geng, Y. Qian, J Mater.Chem., vol.**8** (1998) 2321.

[107] S. Yu, J. Yang, Y. Wu, Z. Han, J. Lu, Y. Xie, Y. Qian, Ibid., vol.**8** (1998) 1949.

[108] A. Ghis, R. Meyer, P. Rambaud, F. Levy, T. Leroux, LEEE Transactions on Electron devices, **38** (1991), 2320.

[109] K. Derbyshire, Tecnologia do estado sólido, **37** (1994) 55.

[110] G. Thomas, Phys. World., vol.**10** (1994), 31.

[111] I. Shah, Phys. World., vol.**10** (1997), 45.

[112] B.R. Chalamala, Y. Wei, B.E. Gnade, IEEE spectrum, vol.**35** (1998), 42.

[113] R. Waser, Nanoelectronics and Information Technology, WILEY - VCH, Wein heim, Alemanha (2003).

[114] P. Psuja, D. Hreniak, W. Strek, J. Nanomat., vol.**1155** (2007), 1.

[115] S. G Pawar, M. A. Chougule, P.R Godse, D. M. Jundale, S. A. Pawar, B. T. Raut, V. B. Patil, j. nano. Ele. Phy., vol.**3**(2011), 185-192.

[116] B. Sreenivasa Rao, B. Rajesh Kumar, V. Rajagopal Reddy, T. Subba Rao, chl. Let., vol. **8** (2011), 177-185.

[117] S.M. Mahdavi, A. Irajizad, A. Azarian e R.M. Tilaki, Science Iranica, vol **1** (2008) 360-365.

[118] P. Venkatesu, K. Ravichandran, Adv. Mat. Lett., vol.**4(3)** (2013), 202-206.

[119] M. Kamruzzaman, T. R. Luna, J. Podder, Innovte.sys. dieg and engg, ISSN vol.**2,** no.5(2011)**,** 2222-1727.

[120] A. Dumbrava, C. Badea, G. Prodan, V. Ciupina, chl. Let., vol.**7** (2010), 111-118.

[121] Rajeev R. Prabhu, M. Abdhul Khadar, Jul. of Phy., vol.**65** (2005), 801-807.

[122] K. Manickathi, S. Kasi Viswanathan, M. Algar, Indian Journal of Pure and Appl. Phy., vol. **46**(2008), 561-564.

[123] Wenzhong Wang, Zhihui Lui, Changlin Zheng, Congkang Xu, Yingkai Liu, Guanghou Wang, Mat. Let., vol.**57** (2003), 2755-2760.

[124] B. Sreenivasa Rao, B. Rajesh Kumar, V. Rajagopal Reddy, T. Subba Rao, chl. Let., vol. **8** (2011), 177-185.

[125] El. Bially A.B, Seoudi R, Eisa W, Shabaka .A. A, Soliman .S .I, Abd EL Hamid R. K, Ramadan R. A., Joul. Of App. Scin. Rech, vol.**8(2)** (2012), 676-685.

[126] Aneeqa Sabha, Saadat Anwar Siddiqi, Salamat Ali, Wld. Acdmy. of Scin.Engg and Tech, vol.**45** (2010).

[127] Ch. Braglik Chory,D. Buchold, M. Schmitt, W. KIefe, C. Heske, C. Kumpf, O. Fuchs, L. Weinhardt, A. Stahl, E. Umbanch,M. Lentze, J. Geurts, G. Muller, Chem. Phy. Lett., vol.379 (2003), 443-451.

[128] S. Sugano, Y. Nishina, S. Ohnishi, Microclusters, Springer, Berlim (1987).

[129] M.A. Dunlan, D.H. Rouvray, Scientific American, vol.1 (1989), 66.

[130] R.W. Seigel, Phys. Today, vol.64 (1993), 1.

[131] P. Jena, B.K. Rao, S.N. Khanna, Physics and Chemistry of small clusters, NATO ASI series B: Physics Plenum, New York (1987).

[132] C. Hayashi, Phys. Today, vol.44 (1987), 7.

[133] G. Benedek, T. P. Martin, G. Pacchioni, Elemental and Molecular Clusters, Springer - Verlag, Berlim (1988).

[134] R. Rossetti, J. L. Ellison, J.M. Gibson, L.E. Brus, J. Chem. Phys., vol.80 (1984), 4464.

[135] M.L. Cohen, M.Y. Chou, W.D. Knight, W.A. Delleer, J. Phys. Chem., vol 91 (1987), 3141.

[136] L.E. Brus, J. Chem. Phys., vol.79 (1983), 5566.

[137] W.P. Halperin, Rev. Modern Phys., vol.58 (1986), 533.

[138] A. Henglein, Pure Appl. Chem., vol.56 (1984), 1215.

[139] P. Marquardt, G. Nimtz, B. Muhizchlegel, Solid State commun., vol.65 (1988) 539.

[140] M.V. Cuenca, J.L. Morenza, J. Phys. D., vol.18 (1985), 208.

[141] C. Kaito, Y. Saito, K. Fujita, J. Cryst. Growth, vol.94 (1989), 967.

[142] G. Henshaw, I.P. Parkin, G. Shaw, J. Chem. Soc., vol.10 (1996), 1095.

[143] P. Matteazzi, G. Le Caer, Mater. Sci. Eng. A., vol.156 (1992), 229.

[144] S. Biswas, A. Mondal, D. Mukherjee, P. Pramanik, J. Electrochem. Soc., vol.33 (1986), 48.

[145] A.K. Verna, T.B. Rauchfuss, S.R. Wilson, Inorg. Chem., vol.7 (1995), 3072.

[146] S. H. Yu, J. Yang, Y.S. Wij, Z.H. Han, Y. Xie, Mater. Res. Bull, vol.33 (1998), 1661.

[147] S.H. Yu, Y.T. Qian, L. Shu, Y. Xie, J. Yang, C.S. Wang, Mater. Lett., vol.35 (1998), 116.

[148] J.J. Zhu, S.W.Liu, O. Palcnik, Y. Koltypin, A. Gedanken, Solid State Chem, vol.153, (2000), 342.

[149] D. Routkevitch, T. Bigioni, M. Moskovits, J.M. Xu, J.Phys. Chem., vol.100 (1996), 14037.

CAPÍTULO 2

TÉCNICAS EXPERIMENTAIS

2.1 Introdução

As nanopartículas de CdS obtidas através do presente método solvotérmico são cristalinas e semicondutoras por natureza. A estrutura e a pureza de fase dos materiais foram estudadas por técnica de difração de raios X e a presença dos grupos químicos nas amostras foi identificada por espetroscopia FT-IR e análise de raios X por dispersão de energia (EDAX). A morfologia da superfície e a morfologia das partículas dos nanopós foram estudadas por Microscopia Eletrónica de Varrimento (SEM). A energia do intervalo de banda foi determinada a partir de espectros UV-vis. O parentesco dos grupos químicos presentes na amostra é estudado por análise de espectros de emissão atómica ICP-AES. A análise térmica, como a análise termogravimétrica (TGA) e a Calorimetria Exploratória Diferencial (DSC), também foi estudada para determinar a estabilidade das amostras actuais. As diferentes técnicas experimentais utilizadas no presente trabalho são discutidas em pormenor neste capítulo.

2.2 Técnica de difração de raios X em pó

A estrutura dos materiais semicondutores de CdS nanopodular e CdS dopado nesta investigação foi analisada por técnicas de difração de raios X em pó (XRD). A difração de raios X em pó (DRX) é uma técnica analítica rápida utilizada principalmente para a identificação de fases de um material cristalino e pode fornecer informações sobre as dimensões das células unitárias. Max von Laue, em 1912, descobriu que as substâncias cristalinas actuam como grelhas de difração tridimensionais para comprimentos de onda de raios X, o que é semelhante ao espaçamento entre planos numa rede cristalina. A difração de raios X é agora uma técnica comum para o estudo das estruturas cristalinas e do espaçamento atómico. A difração de raios X baseia-se puramente na interferência construtiva de raios X monocromáticos e de uma amostra cristalina. Estes raios X são gerados por um tubo de raios catódicos, filtrados para produzir radiação monocromática, colimados para se concentrarem e dirigidos para a amostra. A interação dos raios incidentes com a amostra produz uma interferência construtiva. Para que haja interferência construtiva, as diferenças no trajeto devem ser iguais a múltiplos integrais do comprimento de onda [1-3]. Quando esta interferência construtiva ocorre, um feixe difractado de raios X deixará o cristal num ângulo igual ao do feixe incidente.

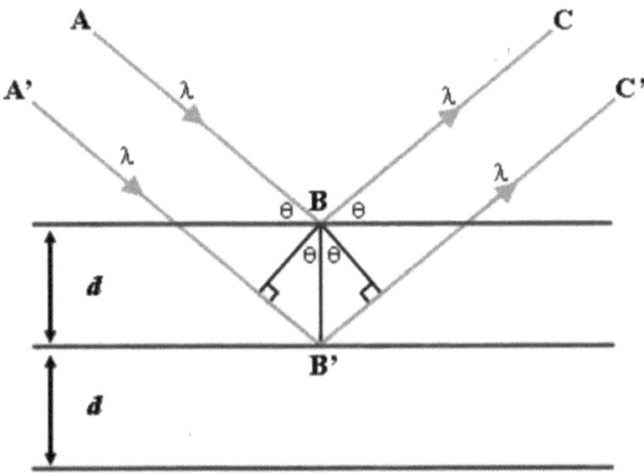

Figura 2.1: Reflexão da Lei de Bragg

Os raios X difractados apresentam interferência construtiva quando a distância entre as trajectórias ABC e A'B'C' difere num número inteiro de comprimentos de onda. Para ilustrar esta caraterística, considere-se um cristal com distâncias planas à rede cristalina d, como se mostra na figura 2.1. Quando a diferença de comprimento entre as trajectórias dos raios ABC e A'B'C' é um múltiplo inteiro do comprimento de onda, ocorre interferência construtiva para uma combinação desse comprimento de onda específico, do espaçamento planar da rede cristalina e do ângulo de incidência (θ). A lei que relaciona o comprimento de onda da radiação electromagnética com o ângulo de difração e o espaçamento da rede é conhecida por Lei de Bragg.

$$n \lambda = 2\, d \sin \theta \qquad \dots\dots\dots\dots\dots\dots (2.1)$$

onde n (um número inteiro) é a ordem de reflexão, λ é o comprimento de onda dos raios X incidentes, d é o espaçamento interplanar do cristal e θ é o ângulo de incidência [4,5]. A análise resultante é descrita graficamente como um conjunto de picos com intensidade percentual no eixo Y e ângulo goniómetro no eixo X. O ângulo e a intensidade exactos de um conjunto de picos são exclusivos da estrutura cristalina que está a ser examinada [6, 7]. É utilizado um monocromador para assegurar que um comprimento de onda específico chega ao detetor, eliminando a radiação fluorescente. O traço resultante consiste num registo da intensidade em função do ângulo (2θ). O traço pode então ser utilizado para identificar as fases presentes na amostra [8]. Os dados de difração de muitos materiais foram registados num ficheiro de difração de pós pesquisável em computador (ficheiro PDF/JCPDS). Comparando os dados observados com os do ficheiro PDF, é possível identificar as fases da amostra.

Na presente investigação, os espectros XRD são registados utilizando um difratómetro de raios X computorizado (modelo Bruker D-8) com radiação Cu-K filtrada de níquel$_\alpha$ e o modelo é apresentado na figura 2.2. A conversão dos picos de difração em espaçamento d permite a identificação do mineral porque cada mineral tem um conjunto de espaçamentos d únicos. Normalmente, isto é conseguido através da comparação do espaçamento d com padrões de referência normalizados.

Figura 2.2 Difractómetro de raios X em pó

2.3   Microscópio eletrónico de varrimento (SEM)

O microscópio eletrónico de varrimento (SEM) utiliza um feixe focalizado de electrões de alta energia para gerar uma variedade de sinais na superfície de amostras sólidas. Os sinais que derivam das interacções eletrão-amostra revelam informações sobre a amostra, incluindo a morfologia externa (textura), a composição química, a estrutura cristalina e a orientação dos materiais que constituem a amostra. Os electrões interagem com os átomos que constituem a amostra, produzindo sinais que contêm informações sobre a topografia da superfície da amostra, a sua composição e outras propriedades, como a condutividade eléctrica. Um feixe de electrões é gerado no canhão de electrões, localizado no topo da coluna, que se encontra à esquerda, como mostra a figura 2.3. Num MEV típico, um feixe de electrões é emitido termionicamente a partir de um canhão de electrões equipado com um cátodo de filamento de tungsténio. O tungsténio é normalmente utilizado em canhões de electrões termiónicos porque tem o ponto de fusão mais elevado, a pressão de vapor mais baixa de todos os metais e, devido ao seu baixo custo, permite que seja aquecido para a emissão de electrões. Outros tipos de emissores de electrões incluem os cátodos de hexaboreto de lantânio (LaB6), que podem ser utilizados num SEM de filamento de tungsténio normal se o sistema de vácuo for melhorado e que podem ser do tipo cátodo frio, utilizando emissores de cristal único de tungsténio, ou do tipo Schottky termicamente assistido, utilizando emissores de óxido de zircónio. O feixe de electrões, que tem normalmente uma energia que varia entre 0,2 keV e 40 keV, é focado por uma ou duas lentes de condensador para um ponto com cerca de 0,4 nm a 5 nm de diâmetro. O feixe passa através de pares de bobinas de varrimento ou de pares de placas deflectoras na coluna de electrões, normalmente na lente final, que desviam o feixe nos eixos x e y, de modo a que este percorra mais rapidamente uma área retangular da superfície da amostra. Quando o feixe de electrões primários interage com a amostra, os electrões perdem energia por dispersão e absorção aleatórias repetidas num volume em forma de lágrima da amostra, conhecido como volume de interação, que se estende desde menos de 100 nm até cerca de 5 µm na superfície. O tamanho do volume de interação depende principalmente da energia de aterragem do eletrão, do número atómico do espécime e da densidade do espécime. A troca de energia entre o feixe de electrões e a amostra resulta na reflexão de electrões de alta energia por dispersão elástica, na emissão de electrões secundários por dispersão inelástica e na emissão de radiação electromagnética, cada uma das quais pode ser detectada por detectores especializados. A corrente do feixe absorvida pelo espécime também pode ser detectada e utilizada para criar imagens da distribuição da corrente do espécime.

São utilizados amplificadores electrónicos de vários tipos para amplificar os sinais, que são apresentados como variações de luminosidade num monitor de computador (ou, nos modelos antigos, num tubo de raios catódicos). Cada pixel da memória de vídeo do computador é sincronizado com a posição do feixe no espécime do microscópio e a imagem resultante é, portanto, um mapa de distribuição da intensidade do sinal que está a ser emitido a partir da área digitalizada do espécime. Nos microscópios mais antigos, a imagem pode ser captada por fotografia a partir de um tubo de raios catódicos de alta resolução, mas nas máquinas modernas a imagem é guardada numa memória de dados do computador.

Existem muitas vantagens em utilizar o MEV em vez de um microscópio de luz. O MEV tem uma grande profundidade de campo, o que permite que uma grande parte da amostra esteja focada de uma só vez. O MEV também produz imagens de alta resolução, o que significa que é possível examinar características muito espaçadas com uma grande ampliação. A preparação das amostras é relativamente fácil, uma vez que a maioria dos MEV apenas requer que a amostra seja condutora. A combinação de maior ampliação, maior profundidade de focagem, maior resolução e facilidade de observação das amostras faz do MEV um dos instrumentos mais utilizados atualmente nas áreas de investigação [9-11].

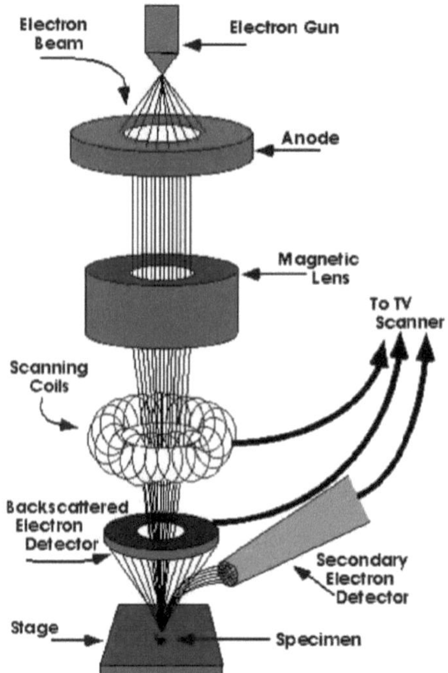

Figura 2.3: Diagrama esquemático do SEM

2.4 . Espectroscopia de raios X com dispersão de energia (EDX)

A espetroscopia de raios X com dispersão de energia (EDS, EDX ou XEDS), por vezes designada por análise de raios X com dispersão de energia (EDXA) ou microanálise de raios X com dispersão de energia (EDXMA), é uma técnica analítica utilizada para a análise elementar ou a caraterização química de uma amostra. Baseia-se na interação de uma fonte de excitação de raios X com a amostra. As suas capacidades de caraterização devem-se em grande parte ao princípio fundamental de que cada elemento tem uma estrutura atómica única que permite um conjunto único de picos no seu espetro de emissão de raios X. Para estimular a emissão de raios X característicos de uma amostra, um feixe de alta energia de partículas carregadas, tais como electrões ou protões, ou um feixe de raios X, é focado na amostra que está a ser estudada. Como um tipo de espetroscopia, baseia-se na investigação de uma amostra através de interacções entre a radiação electromagnética e a matéria, analisando os raios X emitidos pela matéria em resposta ao seu embate com partículas carregadas [12].

Em repouso, um átomo dentro da amostra contém electrões no estado fundamental (ou não excitados) em níveis de energia discretos ou camadas de electrões ligadas ao núcleo. O feixe incidente pode excitar um eletrão de uma camada interna, ejectando-o da camada e criando um buraco no local onde o eletrão se encontrava. Um eletrão de um invólucro exterior de maior energia preenche então o buraco, e a diferença de energia entre o invólucro de maior energia e o invólucro de menor energia pode ser libertada sob a forma de um raio-X. O número e a energia dos raios X emitidos por uma amostra podem ser medidos por um espetrómetro de dispersão de energia. Dado que a energia dos raios X é a caraterística da diferença de energia entre as duas camadas e da estrutura atómica do elemento a partir do qual foram emitidos, pode ser medida a composição elementar da amostra.

Além disso, o átomo de cada elemento liberta raios X com quantidades únicas de energia durante o processo de transferência. Assim, medindo as quantidades de energia presentes nos raios X libertados por uma amostra durante o bombardeamento por feixe de electrões, é possível estabelecer a identidade do átomo a partir do qual o raio X foi emitido. Existem quatro componentes principais da configuração do EDS: a fonte do feixe, o detetor de raios X, o processador de impulsos e o analisador. Existem vários sistemas EDS autónomos. No entanto, os sistemas EDS são os mais comuns nos microscópios electrónicos de varrimento (SEM-EDAX) e nas microssondas electrónicas. Os microscópios electrónicos de varrimento estão equipados com um cátodo e lentes magnéticas para criar e focar um feixe de electrões. Um detetor é utilizado para converter a energia dos raios X em sinais de tensão; esta informação é enviada para um processador de impulsos, que mede os sinais e os passa para um analisador para visualização e análise dos dados.

Esta técnica é utilizada em conjunto com o SEM e não é uma técnica de ciência da superfície. Um feixe de electrões incide sobre a superfície de uma amostra condutora. A energia do feixe é tipicamente da ordem dos 10-20 K eV. Isto provoca a emissão de raios X a partir do ponto do material. A energia dos raios X emitidos depende do material em análise. Os raios X são gerados numa região com cerca de 2 microns de profundidade, pelo que o EDX não é uma técnica de ciência da superfície. Devido à baixa intensidade dos raios X, as imagens demoram normalmente várias horas a adquirir. Os elementos de baixo número atómico são difíceis de detetar por EDX.

O resultado de uma análise EDX é um espetro EDX. O espetro EDX é apenas um gráfico da frequência com que um raio X é recebido para cada nível de energia. Um espetro EDX apresenta normalmente picos que correspondem aos níveis de energia para os quais foram recebidos mais raios X. Cada um destes picos é único para um átomo e, por conseguinte, corresponde a um átomo que não é um átomo. Cada um destes picos é único para um átomo e, portanto, corresponde a um único elemento. Quanto mais alto for um pico num espetro, mais concentrado está o elemento na amostra. Um gráfico de espetro EDX não só identifica o elemento correspondente a cada um dos seus picos, mas também o tipo de raio X a que corresponde. Por exemplo, um pico correspondente à quantidade de energia possuída pelos raios X emitidos por um eletrão na camada L que desce para a camada K é identificado como um pico K-Alpha. O pico correspondente aos raios X emitidos por electrões da camada M que passam para a camada K é identificado como pico K-Beta, como mostra a figura 2. 4. A questão mais importante a salientar é que os raios X gerados por qualquer elemento em particular são característicos desse elemento e, como tal, podem ser utilizados para identificar quais os elementos que estão realmente presentes sob a sonda de electrões. Isto é conseguido através da construção de um índice de raios X recolhidos de um determinado ponto da superfície da amostra, que é conhecido como espetro.

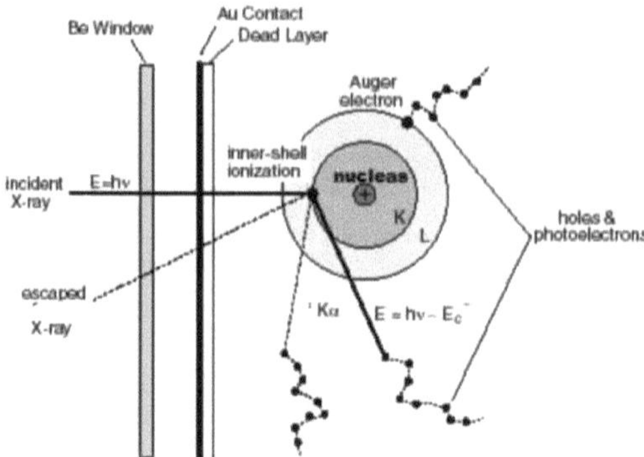

Figura 2.4: Identificação de elementos com base no conteúdo energético dos raios X emitidos pelos seus electrões.

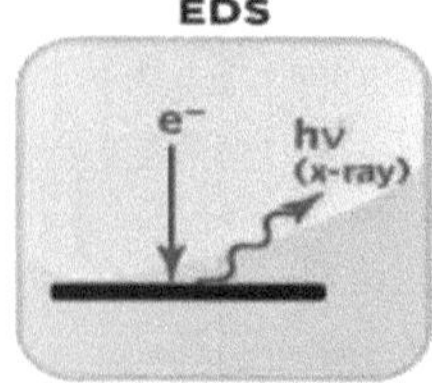

2.5 Espectroscopia de emissão atómica com plasma indutivamente acoplado (ICP-AES)

A espetrometria de emissão atómica com plasma indutivamente acoplado (ICP-AES) é uma das técnicas mais comuns de análise elementar. Podem ser analisados todos os tipos de amostras dissolvidas, desde soluções com elevadas concentrações de sal até ácidos diluídos. É utilizada uma fonte de plasma para dissociar a amostra nos seus átomos ou iões constituintes, excitando-os para um nível de energia mais elevado. Estes regressam ao seu estado fundamental, emitindo fotões com um comprimento de onda caraterístico, dependendo do elemento presente. Esta luz é registada por um espetrómetro ótico. Quando calibrada com padrões, a técnica fornece uma análise quantitativa da amostra original. A caraterística fundamental deste processo é que cada elemento emite energia em comprimentos de onda específicos, próprios do seu carácter atómico.

A transferência de energia para os electrões quando estes voltam ao estado fundamental é única para cada elemento, uma vez que depende da configuração eletrónica da orbital. A transferência de energia é inversamente proporcional ao comprimento de onda da radiação electromagnética.

$$E = hc/\lambda \dots (2.2)$$

(em que h é a constante de Planck, c a velocidade da luz e λ o comprimento de onda), pelo que o comprimento de onda da luz emitida também é único. Embora cada elemento emita energia em vários comprimentos de onda, na técnica ICP-AES é mais comum selecionar um único comprimento de onda (ou muito poucos) para um determinado elemento. A intensidade da energia emitida no comprimento de onda escolhido é proporcional à quantidade (concentração) desse elemento na amostra que está a ser analisada. Assim, ao determinar os comprimentos de onda emitidos por uma amostra e ao determinar as suas intensidades, o analista pode encontrar qualitativa e quantitativamente os elementos de uma determinada amostra em relação a um padrão de referência [13]. O ICP-AES é composto por duas partes: o ICP e o espetrómetro ótico. A tocha ICP é constituída por 3 tubos concêntricos de vidro de quartzo. A bobina de saída ou de "trabalho" do gerador de radiofrequência (RF) envolve parte desta tocha de quartzo. Normalmente, é utilizado gás árgon para criar o plasma. Quando a tocha é ligada, é criado um campo eletromagnético intenso dentro da bobina pelo sinal de radiofrequência de alta potência que flui na bobina. Este sinal de RF é criado pelo gerador de RF que é, efetivamente, um transmissor de rádio de alta potência que acciona a "bobina de trabalho" da mesma forma que um transmissor de rádio típico acciona uma antena de transmissão. O gás árgon que flui através da tocha é inflamado com uma unidade Tesla que cria um breve arco de descarga através do fluxo de árgon para iniciar o processo de ionização. Quando o plasma é "inflamado", a unidade Tesla é desligada.

O gás árgon é ionizado no campo eletromagnético intenso e flui num padrão simétrico de rotação particular em direção ao campo magnético da bobina de RF. É então gerado um plasma estável, a alta temperatura, de cerca de 7000 K, como resultado das colisões inelásticas criadas entre os átomos neutros de árgon e as partículas carregadas. Uma bomba peristáltica fornece uma amostra aquosa ou orgânica a um nebulizador analítico, onde esta é transformada em névoa e introduzida diretamente na chama de plasma. A amostra colide imediatamente com os electrões e os iões carregados no plasma e é ela própria decomposta em iões carregados. As várias moléculas dividem-se nos seus respectivos átomos, que perdem electrões e se recombinam repetidamente no plasma, emitindo radiação com os comprimentos de onda característicos dos elementos envolvidos. Em alguns modelos, é utilizado um gás de corte, normalmente azoto ou ar comprimido seco, para "cortar" o plasma num ponto específico. Uma ou duas lentes de transferência são então utilizadas para focar a luz emitida numa grelha de difração, onde esta é separada nos comprimentos de onda que a compõem no espetrómetro ótico. Noutras concepções, o plasma incide diretamente sobre uma interface ótica que consiste num orifício do qual sai um fluxo constante de árgon, que desvia o plasma e proporciona arrefecimento, permitindo simultaneamente que a luz emitida pelo plasma entre na câmara ótica. Outras concepções utilizam ainda fibras ópticas para transportar parte da luz para câmaras ópticas separadas. A vista geral do espetrómetro de emissão atómica é apresentada na figura 2.5.

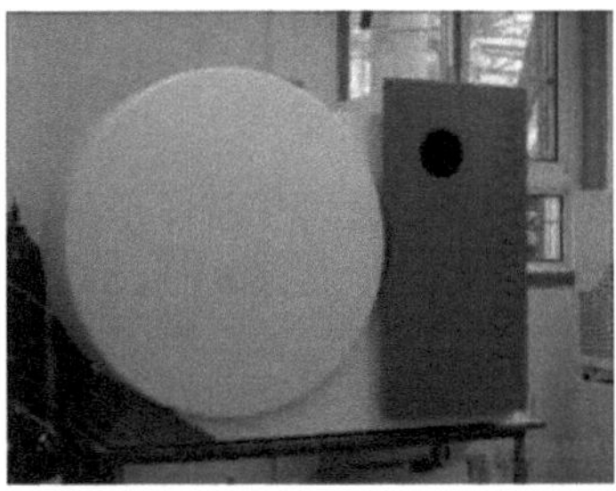

2.5 : Vista geral do Espectrómetro de Emissão Atómica

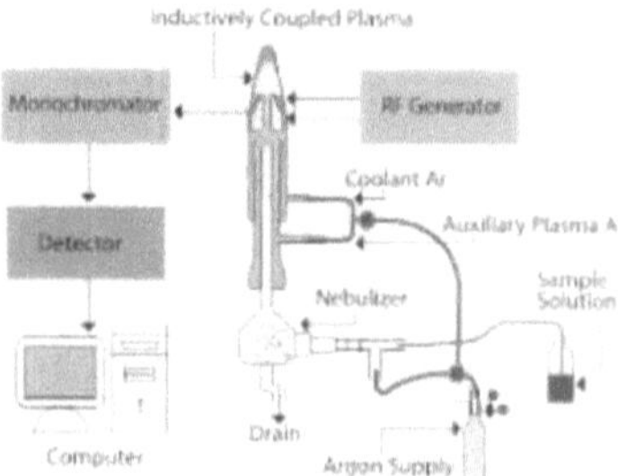

Figura 2.6: Funcionamento do espetrómetro de Emissão Atómica

Dentro da(s) câmara(s) ótica(s), depois de a luz ser separada nos seus diferentes comprimentos de onda (cores), a intensidade da luz é medida com um ou mais tubos fotomultiplicadores fisicamente posicionados para "ver" o(s) comprimento(s) de onda específico(s) para cada linha de elemento envolvida ou, em unidades mais modernas, as cores separadas incidem numa matriz de fotodetectores semicondutores, como os dispositivos de carga acoplada (CCD)[14]. Nas unidades que utilizam estas matrizes de detectores, podem ser medidas as intensidades de todos os comprimentos de onda (dentro da gama do sistema)

simultaneamente, permitindo que o instrumento analise todos os elementos aos quais a unidade é sensível de uma só vez. Assim, as amostras podem ser analisadas muito rapidamente. O funcionamento do espetrómetro de emissão atómica é apresentado na figura 5.6. A intensidade de cada linha é então comparada com intensidades previamente medidas de concentrações conhecidas dos elementos, sendo as suas concentrações calculadas por interpolação ao longo das linhas de calibração. Além disso, um software especial corrige geralmente as interferências causadas pela presença de diferentes elementos numa dada matriz de amostra.

2.6 Espectroscopia de absorção UV-Visível

A espetroscopia de absorção UV-visível envolve a espetroscopia de fotões na região UV-visível. Isto significa que utiliza luz nas gamas do visível, do ultravioleta próximo (UV) e do infravermelho próximo (NIR). A absorção nas gamas do visível afecta diretamente a cor dos produtos químicos envolvidos. Nesta região do espetro eletromagnético, as moléculas sofrem transições electrónicas. Esta técnica é complementar à espetroscopia de fluorescência, na medida em que a fluorescência trata das transições do estado excitado para o estado fundamental, enquanto a absorção mede as transições do estado fundamental para o estado excitado [15].

A espetroscopia UV-VIS é utilizada regularmente em química analítica para a determinação quantitativa de diferentes análises, tais como iões de metais de transição, compostos orgânicos altamente conjugados e macromoléculas biológicas. A análise espectroscópica é normalmente efectuada em soluções, mas também podem ser estudados sólidos e gases. A absorção da luz por uma solução é um dos métodos instrumentais mais antigos e úteis. O comprimento de onda da luz que um composto absorve é caraterístico da sua estrutura química. Regiões específicas do espetro eletromagnético são absorvidas pela excitação de tipos específicos de movimento molecular e atómico para níveis de energia mais elevados. A absorção de radiação de micro-ondas deve-se geralmente à excitação do movimento rotacional molecular. A absorção de infravermelhos está associada a movimentos vibracionais das moléculas. A absorção de radiação visível e ultravioleta (UV) está associada à excitação de electrões, tanto em átomos como em moléculas, para estados de energia mais elevados. Todas as moléculas sofrerão excitação eletrónica após a absorção de luz, mas para a maioria das moléculas é necessária radiação de energia muito elevada. No entanto, para as moléculas que contêm sistemas electrónicos conjugados, a luz na região do UV-visível é adequada. À medida que o grau de conjugação aumenta, o espetro desloca-se para energias mais baixas.

A lei de Beer-Lambert estabelece que a absorvância de uma solução é diretamente proporcional à concentração da espécie absorvente na solução e ao comprimento do percurso. Assim, para um comprimento de percurso fixo, a espetroscopia UV-VIS pode ser utilizada para determinar a concentração do absorvente numa solução. É necessário conhecer a rapidez com que a absorvância varia com a concentração. A intensidade da luz, I, transmitida através de uma solução de um químico absorvente num solvente transparente pode ser relacionada com a sua concentração pela Lei de Beer:

$$- \log (I/Io) = A = \varepsilon_\lambda \, b \, c \qquad \dots\dots\dots\dots (2.3)$$

Onde I0 é a intensidade da luz incidente, A é a absorvância, b é o comprimento do percurso da célula em cm, c é a concentração da solução em moles/litro, e $\varepsilon\chi$ é a absortividade molar, (também

referido como o coeficiente de extinção molar) que tem unidades de litro/mol/cm. Aqui $\varepsilon\chi$ é uma função do comprimento de onda, e é a quantidade que representa o espetro da solução [16,17].

A figura 2.7 apresenta um diagrama dos componentes de um espetrómetro típico. Um feixe de luz proveniente de uma fonte de luz visível e/ou UV (de cor vermelha) é separado nos comprimentos de onda que o compõem por um prisma ou uma grelha de difração. Cada feixe monocromático, por sua vez, é dividido em dois feixes de igual intensidade por um dispositivo semi-espelhado. Um feixe, o feixe de amostra (cor magenta), passa através de um pequeno recipiente transparente (cuvete) que contém uma solução do composto a estudar num solvente transparente. O outro feixe, o feixe de referência (azul), passa através de uma cuvete idêntica que contém apenas o solvente. As intensidades destes feixes de luz são então medidas por detectores electrónicos e comparadas. A intensidade do feixe de referência, que pode ter sofrido pouca ou nenhuma absorção de luz, é definida como I0. A intensidade do feixe de luz da amostra é definida como I. Durante um curto período de tempo, o espetrómetro percorre automaticamente todos os comprimentos de onda dos componentes da forma descrita. A região ultravioleta (UV) analisada é normalmente de 200 a 400 nm, e a parte visível é de 400 a 800 nm. Neste trabalho, os espectros ultravioleta-visível de amostras de CdS puro (não dopado) e CdS dopado:Tm (Tm =Zn, Mn e Cu) foram registados utilizando o espetrofotómetro CARY-5E no modo de absorção no SAIF, Stic , Cochin.

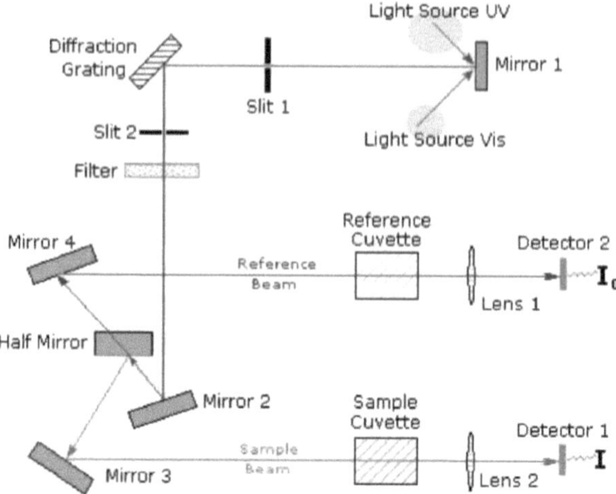

Figura 2.7: Funcionamento do espetrómetro UV-Visível

2.7 Espectroscopia FT-IR

A espetroscopia de infravermelhos consiste no estudo dos espectros vibracionais das moléculas. Um espetro de absorção no infravermelho tem origem em vibrações moleculares (vibrações de ligações) que provocam uma alteração do momento de dipolo da molécula. As frequências vibracionais, as suas intensidades relativas e as formas das bandas de infravermelhos são registadas num espetrómetro de feixe duplo que pode ser utilizado para a caraterização qualitativa de uma amostra. O termo Espectroscopia de Infravermelhos com Transformada de Fourier (FT-IR) refere-se a um desenvolvimento bastante recente na forma como os dados são recolhidos e convertidos de um padrão de interferência para um espetro. Os instrumentos FT-IR actuais são computorizados, o que os torna mais rápidos e mais sensíveis do que os instrumentos dispersivos mais antigos. A técnica de infravermelhos com transformada de Fourier (FT-IR) baseia-se inteiramente na combinação de um interferómetro Michaelson com um detetor de infravermelhos sensível e um minicomputador digital. Os espectrómetros FT-IR proporcionam maior resolução, cobertura total do comprimento de onda e maior precisão nas medições de frequência e intensidade. Os instrumentos também possuem maior facilidade e rapidez de operação. Através da interpretação do espetro de absorção no infravermelho, é possível determinar os grupos funcionais de um composto e as ligações químicas numa molécula [18-19].

Os espectros FT-IR de compostos puros são geralmente tão únicos que são como uma impressão digital molecular. Enquanto os compostos orgânicos têm espectros muito detalhados, os compostos inorgânicos são normalmente muito mais simples. Para a maioria dos materiais comuns, o espetro de um desconhecido pode ser identificado comparando-o com uma biblioteca de compostos conhecidos. As amostras para FT-IR podem ser preparadas de várias formas. Para amostras líquidas, o mais fácil é colocar uma gota de amostra entre duas placas de cloreto de sódio (sal), que é transparente à luz infravermelha. A gota forma uma película fina entre as placas. As amostras sólidas podem ser moídas com brometo de potássio (KBr) para formar um pó muito fino. Este pó é depois comprimido numa pastilha fina que pode ser analisada com dureza. O KBr é também transparente no infravermelho. Em alternativa, as amostras sólidas podem ser dissolvidas num solvente como o cloreto de metileno e a solução colocada numa placa de sal simples. O solvente é então evaporado, deixando uma película fina do material original na placa. Este processo é designado por película fundida e é frequentemente utilizado para a identificação de polímeros [20,21]. O funcionamento do espetrómetro FTIR é apresentado na figura 2.8.

Os espectros de infravermelhos (IV) das amostras foram registados na gama de 400 - 4000 cm^{-1} num espetrómetro de infravermelhos com transformada de Fourier (FTIR) Thermo-Nicolet Avatar 370. Os materiais são finamente dispersos em KBr utilizando um almofariz de ágata e bem triturados. O material finamente disperso é então prensado sob a forma de discos circulares de ~10 mm de diâmetro e 0,5 mm de espessura a uma pressão de 250 MPa. Estas pastilhas são depois secas com luz infravermelha antes de se registar o espetro FT-IR.

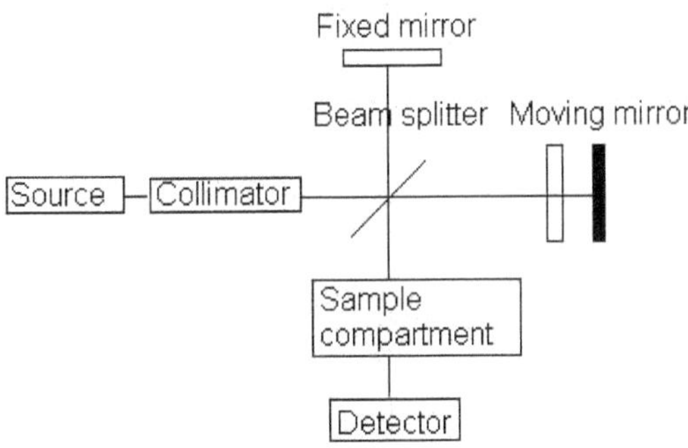

Figer: 2.8. Funcionamento do espetrómetro FTIR

2.8 Análise termogravimétrica (T G A)

A análise termogravimétrica é uma técnica em que a massa de uma substância é monitorizada em função da temperatura ou do tempo, à medida que a amostra é sujeita a um programa de temperatura controlada numa atmosfera controlada. A TGA é uma técnica em que, após o aquecimento de um material, o seu peso aumenta ou diminui. A TGA mede o peso de uma amostra à medida que esta é aquecida ou arrefecida num forno. A TGA pode fornecer informações sobre fenómenos físicos, tais como transições de fase de segunda ordem, incluindo vaporização, sublimação, absorção, adsorção e dessorção. Do mesmo modo, a TGA pode fornecer informações sobre fenómenos químicos, incluindo quimisorções, dessolvatação (especialmente desidratação), decomposição e reacções sólido-gás (por exemplo, oxidação ou redução)[22].

A TGA é normalmente utilizada para determinar características seleccionadas de materiais que apresentam perda ou ganho de massa devido à decomposição, oxidação ou perda de voláteis (como a humidade). As aplicações comuns da TGA são (1) a caraterização de materiais através da análise de padrões de decomposição característicos, (2) estudos de mecanismos de degradação e cinética de reação, (3) determinação do conteúdo orgânico numa amostra e (4) determinação do conteúdo inorgânico (por exemplo, cinzas) numa amostra, que pode ser útil para corroborar estruturas de materiais previstas ou simplesmente utilizada como análise química. É uma técnica especialmente útil para o estudo de materiais poliméricos, incluindo termoplásticos, termoendurecíveis, elastómeros, compósitos, películas plásticas, fibras, revestimentos e tintas. A análise do aparelho de TGA, dos métodos e da análise de traços será desenvolvida mais adiante. A estabilidade térmica, a oxidação e a combustão, que são possíveis interpretações dos traços de TGA, também são discutidas. A análise termogravimétrica (TGA) depende de um elevado grau de precisão em três medições: alteração da massa, temperatura e alteração da temperatura. Por conseguinte, os requisitos instrumentais básicos para a TGA são uma balança de precisão com um prato carregado com a amostra e um forno programável. O forno pode ser programado para uma taxa de aquecimento constante ou para adquirir uma perda de massa constante com o tempo[23-28].

Embora uma taxa de aquecimento constante seja mais comum, uma taxa de perda de massa constante pode iluminar uma cinética de reação específica. Independentemente da programação do forno, a amostra é colocada num pequeno forno aquecido eletricamente, equipado com um termopar para monitorizar medições precisas da temperatura, comparando a sua saída de tensão com a da tabela tensão versus temperatura armazenada na memória do computador. Uma amostra de referência pode ser colocada noutra balança, numa câmara separada. A atmosfera na câmara da amostra pode ser purgada com um gás inerte para evitar a oxidação ou outras reacções indesejáveis. Foi concebido um processo diferente, utilizando uma microbalança de cristais de quartzo, para medir amostras mais pequenas, da ordem de um micrograma (em vez de um miligrama com a TGA convencional). O instrumento TGA pesa continuamente uma amostra à medida que esta é aquecida a altas temperaturas. À medida que a temperatura aumenta, vários componentes da amostra são decompostos e a percentagem de peso de cada alteração de massa resultante pode ser medida. Os resultados são representados com a temperatura no eixo X e a perda de massa no eixo Y. Os dados podem ser ajustados utilizando a suavização de curvas e as primeiras derivadas são frequentemente também representadas para determinar pontos de inflexão para interpretações mais aprofundadas (ver discussão sobre Análise de Traços). Os instrumentos de TGA podem ser calibrados em termos de temperatura com padrões de ponto de fusão ou ponto Curie de materiais ferromagnéticos, como Fe ou Ni. Coloca-se um material ferromagnético no prato de amostras que é colocado num campo magnético. O padrão é aquecido e, no ponto Curie, o material torna-se paramagnético, o que anula o efeito de alteração de peso aparente do campo magnético[29-31]. Se a identidade do produto após o aquecimento for conhecida, então o rendimento cerâmico pode ser encontrado a partir da análise do teor de cinzas. Tomando o peso do produto conhecido e dividindo-o pela massa inicial do material de partida, pode ser encontrada a percentagem em massa de todas as inclusões. Conhecendo a massa do material de partida e a massa total das inclusões, tais como ligandos, defeitos estruturais ou produtos secundários da reação, que são libertados durante o aquecimento, a razão estequiométrica pode ser utilizada para calcular a percentagem de massa da substância numa amostra. Os resultados da análise termogravimétrica podem ser apresentados por (1) curva de massa versus temperatura (ou tempo), referida como curva termogravimétrica, ou (2) curva de taxa de perda de massa versus temperatura, referida como curva termogravimétrica diferencial. Embora esta lista não seja de modo algum exaustiva, as curvas termogravimétricas simples contêm as seguintes características (a) parte horizontal, ou planalto, que indica peso constante da amostra e (b) parte curva; a inclinação da curva indica a taxa de perda de massa, ou seja,

$$\frac{dw}{dt}$$

Uma inflexão (na qual $\frac{dw}{dt}$ é mínima, mas não nula)

A TGA pode ser utilizada para avaliar a **estabilidade térmica** de um material. Num intervalo de temperatura desejado, se uma espécie for termicamente estável, não se observará qualquer alteração de massa. Uma perda de massa insignificante corresponde a um declive pequeno ou nulo no traço de TGA. A TGA também fornece a temperatura máxima de utilização de um material. Para além desta temperatura, o material começará a degradar-se.

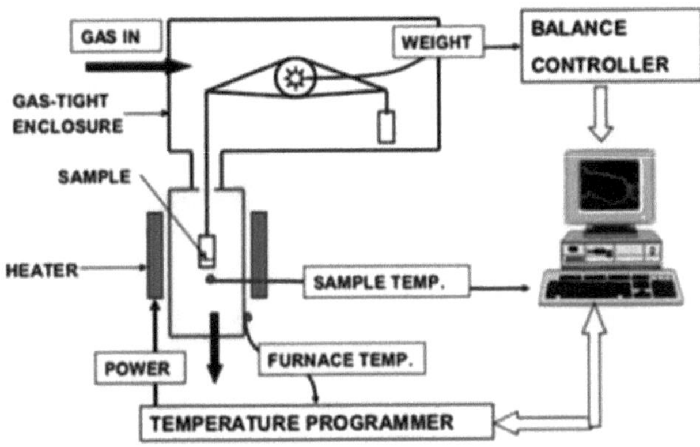

Figura:2.9: Funcionamento da TGA

A TGA tem uma grande variedade de aplicações, incluindo a análise de **cerâmicas** e polímeros termicamente estáveis. As cerâmicas geralmente fundem antes de se decomporem, uma vez que são termicamente estáveis numa vasta gama de temperaturas, pelo que a TGA é utilizada principalmente para investigar a estabilidade térmica dos polímeros. A maioria dos polímeros derrete ou degrada-se antes dos 200 °C. No entanto, existe uma classe de polímeros termicamente estáveis que são capazes de suportar temperaturas de pelo menos 300 °C no ar e 500 °C em gases inertes sem alterações estruturais ou perda de resistência, que podem ser analisadas por TGA [27]. As três formas pelas quais um material pode perder massa durante o aquecimento são através de reacções químicas, libertação de espécies adsorvidas e decomposição. Todas estas formas indicam que o material já não é termicamente estável. O funcionamento da TGA é apresentado na figura 2.9.

2.9 Calorimetria de varrimento diferencial (DSC)

A calorimetria é uma técnica primária de medição das propriedades térmicas dos materiais para estabelecer uma relação entre a temperatura e as propriedades físicas específicas das substâncias e é o único método para a determinação direta da entalpia associada ao processo de interesse. Os calorímetros são utilizados frequentemente em química, bioquímica, biologia celular, biotecnologia, farmacologia e, recentemente, em nanociência para medir as propriedades termodinâmicas das biomoléculas e dos materiais de dimensão nanométrica[32-40]. Entre os vários tipos de calorímetros, o calorímetro diferencial de varrimento (DSC) é um dos mais populares. O DSC é um aparelho de análise térmica que mede a forma como as propriedades físicas de uma amostra se alteram, juntamente com a temperatura em função do tempo[41]. Por outras palavras, o dispositivo é um instrumento de análise térmica que determina a temperatura e o fluxo de calor associados às transições de materiais em função do tempo e da temperatura. Durante uma mudança de temperatura, a DSC mede uma quantidade de calor, que é irradiada ou absorvida excessivamente pela amostra com base numa diferença de temperatura entre a amostra e o material de referência[41-42].

Com base no mecanismo de funcionamento, os DSCs podem ser classificados em dois tipos: DSCs de fluxo de calor e DSCs de compensação de potência. Num DSC de fluxo de calor, o material da amostra, encerrado num recipiente, e um recipiente de referência vazio são colocados num disco termoelétrico rodeado por um forno. O forno é aquecido a uma taxa de aquecimento linear e o calor é transferido para a amostra e para o recipiente de referência através do disco termoelétrico [43]. No entanto, devido à capacidade calorífica (c_p) da amostra, haveria uma diferença de temperatura entre os pratos da amostra e de referência, que é medida por termopares de área, e o consequente fluxo de calor é determinado pelo equivalente térmico da lei de Ohm:

$$q = \Delta T / R \qquad (2.4)$$

Onde q é o "fluxo de calor da amostra", ΔT é a "diferença de temperatura entre a amostra e a referência" e R é a "resistência do disco termoelétrico" [43]. O princípio básico subjacente a esta técnica é o de que, quando a amostra sofre uma transformação física, como as transições de fase, é necessário que flua para ela mais ou menos calor do que para a referência para manter ambas à mesma temperatura. O facto de ser necessário enviar menos ou mais calor para a amostra depende do facto de o processo ser exotérmico ou endotérmico. Por exemplo, à medida que uma amostra sólida se funde num líquido, é necessário mais calor a fluir para a amostra para aumentar a sua temperatura ao mesmo ritmo que a referência. Este facto deve-se à absorção de calor pela amostra à medida que esta sofre a transição de fase endotérmica de sólido para líquido. Da mesma forma, à medida que a amostra passa por processos exotérmicos (como a cristalização), é necessário menos calor para aumentar a temperatura da amostra. Ao observar a diferença no fluxo de calor entre a amostra e a referência, os calorímetros de varrimento diferencial são capazes de medir a quantidade de calor absorvida ou libertada durante essas transições. O DSC também pode ser utilizado para observar alterações físicas mais subtis, como as transições vítreas. É amplamente utilizado em ambientes industriais como instrumento de controlo de qualidade devido à sua aplicabilidade na avaliação da pureza da amostra e no estudo da cura de polímeros. O funcionamento do DSC é apresentado na figura 2.10.

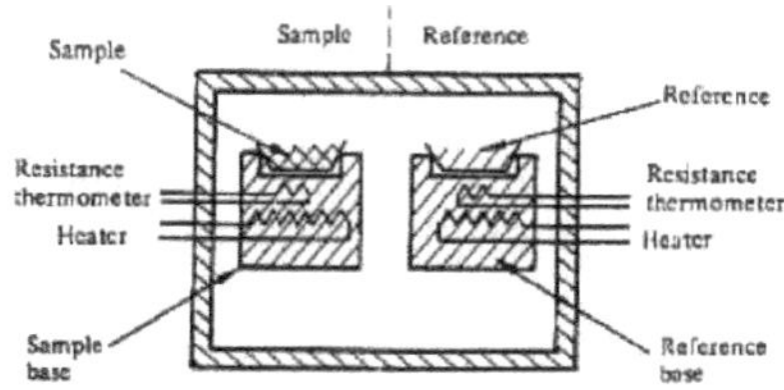

Figura:2.10 Funcionamento do DSC

A calorimetria diferencial de varrimento pode ser utilizada para medir uma série de propriedades características de uma amostra. Com esta técnica é possível observar eventos de fusão e cristalização, bem como temperaturas de transição vítrea T_g. A DSC também pode ser utilizada para estudar a oxidação, bem como outras reacções químicas. As transições vítreas podem ocorrer à medida que a temperatura de um sólido amorfo é aumentada. Estas transições aparecem como um degrau na linha de base do sinal DSC registado. Isto deve-se ao facto de a amostra sofrer uma alteração na capacidade térmica; não ocorre qualquer alteração formal de fase. À medida que a temperatura aumenta, um sólido amorfo tornar-se-á menos viscoso. A dada altura, as moléculas podem obter liberdade de movimento suficiente para se organizarem espontaneamente numa forma cristalina. Este ponto é conhecido como a temperatura de cristalização (T_c). Esta transição de sólido amorfo para sólido cristalino é um processo exotérmico e resulta num pico no sinal DSC. À medida que a temperatura aumenta, a amostra acaba por atingir a sua temperatura de fusão (T_m). O processo de fusão resulta num pico endotérmico na curva DSC. A capacidade de determinar temperaturas de transição e entalpias faz da DSC uma ferramenta valiosa na produção de diagramas de fase para vários sistemas químicos.

Referências

[1]   E.F. Kaeble, Hand book of X-rays, McGraw- Hill, Nova Iorque (1967).

[2]   G.E. Bacon, X-ray and neutron diffraction, Pergamon Press, Amesterdão (1996).

[3]   H.P.Klug, L.E.Alexander, X-ray Diffraction Procedure for Polycrystalline and Amorphous Materials, 2nd Edn., John Wiley and Sons, New York (1954).

[4]   G.H. Stout, L.H. Jensen, X-ray structure determination, Macmillan, Nova Iorque (1968).

[5]   M.M. Woolfson, An introduction to X-ray Crystallography, Cambridge University Press, Cambridge (1970).

[6]   M.J.Buerger, X-ray Crystallography, John Wiley and Sons, Nova Iorque (1958).

[7]   F.L. Chan, Advances in X-ray Analysis, Plenum Press, Nova Iorque (1961).

[8]   B.D. Cullity, S.R Stocks, Elements of X-ray diffraction, Prentice Hall, New Delhi, (2001).

[9]   D.E. Newbury, D.J. Joy, P.Echlin et al, Advanced Scanning Electron Microscopy and Microanalysis,

Pentium Press, Nova Iorque (1986).

[10]   J.I. Goldstein, D.E.Newbury et al, Scanning Electron Microscopy, Plenum Press, New York (1992).

[11]   D.C. Joy, A.D.Roming Jr et al, Principles of Analytical Electron Microscopy, Plenum Press, NewYork (1986).

[12]   T. Yurugi, I. Sukehiro, Y. Numata, K. Sykes, Hitachi Science Systems, Ltd., Oxford Instruments, Japão.

[13]   J.Falandysz, K. Szymczyk, H.Ichihashi, L.Bielawski, M.Gucia, A.Frankowska, Yamasaki SICP-AES Elemental analysis, vol.**18(6)** (2001),503-13.

[14]   W.Galas, A Kita, Utilização do método ICP-AES para multielementos, Artigo em polaco, vol.**46(1)** (1995).

[15]   H.H.Jaffe e M.Orchin, Theory and Applications of Ultraviolet Spectroscopy, John Wiley, Nova Iorque (1962).

[16]   C.N.R.Rao, Ultraviolet and Visible Spectroscopy, Butterworths, Londres (1961).

[17]   H. Hobart, et al, Instrumental Methods of Analysis, CBS Publishers, Delhi (1986).

[18]   N. B. Colthup, L. H. Daly, & S. E. Wilberly, Introduction of IR and Raman *Spectroscopy*, Academic Press, New York (1964).

[19]   G.Socrates, Infrared Characteristic Group Frequencies, Wiley- interscience, Chichester (1980).

[20]   N. L. Albert, W. E. Keiser, H. A. Szymanski, IR Theory and Practice of IR Spectroscopy, Plenum Press, Nova Iorque (1973).

[21]   K. Nakamoto, Infrared spectra of Inorgonic and co-ordination compounds, John Wiley and sons, Canada (1997).

[22]   W. Lehmann, J. Luminescence, vol.**5** (1972), 87.

[23]   A.W Coats, J.P Redfern, Thermogravimetric Analysis, A Review, Analyst (1963)

[24]   N.A Tikhonov, I.V Arkhangelsky, S.S Belyaev, A.T Matveev, Carbonization of polymeric nonwoven, Thermochimica vol.**486** (2009).

[25]   R. Narayanan, R.M. Laine, Synthesis and Characterization of Precursors for Group II Metal Aluminates, Appl. Organomet. Chem., vol.**11** (1997).

[26]   J.B Gilbert, J.J Kipling, B. McEnaney, J.N Sherwood, Carbonization of Polymers I - Thermogravimetric Analysis, Polymer., vol.**3** (1962).

[27]   C.S. Marvel, Synthesis of Thermally Stable Polymer, Ft. Belvoir Defense Technical Information Center (1972).

[28]   X. Liu, W. Yu, Evaluating the Thermal Stability of High Performance Fibers by TG, Journal of

Applied Polymer Science, vol.**99** (2006).

[29]   Z. Tao, J. Jin, S. Yang, D.Hu, G. Li, J. Jiang, Síntese e Caracterização de PBO Fluorado com Alta Estabilidade Térmica e Baixa Constante Dieléctrica. Journal of Macromolecular Science, Part B., vol.**48** (2009).

[30]   V.B. Voitovich, V.A.Lavrenko, R.F. Voitovich, E.I. Golovko, The Effect of Purity on High-Temperature Oxidation of Zirconium, Oxidation of Metals (1994).

[31]   S. D'Antone, F. Bignotti, L. Sartore, A. D'Amore, G. Spagnoli, M. Penco, Thermogravimetric investigation of two classes of block copolymers based on poly(lactic-glycolic acid) and poly(ε-caprolactone) or poly(ethylene glycol), Polymer Degradation and Stability (2001).

[32]   G. Hohne, W. Hemminger, H.J. Flammersheim. Calimetria Exploratória Diferencial: An Introduction for Practitioners. Berlim, Alemanha: Springer-Verlag (1996).

[33]   P.L.Privalov, S.A.Potekhin, Scanning microcalorimetry in studying temperature-indduced changes in proteins, Methods Enzymol (1986).

[34]   J. Even, M. Bertault, A. Girard, Y. Délugeard, Y.Marqueton, Estudos ópticos e calorimétricos sobre o papel do amolecimento do modo de rede na assistência a uma reação de estado sólido reforçada termicamente, Chem Phys Lett., (1997).

[35]   L.N.Lin, A.B.Mason, R.C.Woodworth, J.F.Brandts, Estudos calorimétricos da meia-molécula N-terminal da transferrina e formas mutantes modificadas perto do local de ligação do Fe(3+)-, Biochem J (1993).

[36]   I.Protasevich, B.Ranjbar, V.Lobachov, et al. Conformation and thermal denaturation of apocalmodulin: role of electrostatic mutations, Biochemistry (1997).

[37]   J.E. Ladbury, B.Z.Chowdhry, Sensing the heat: the application of isothermal titration calorimetry to thermodynamic studies of biomolecular interactions, Chem Biol (1996).

[38]   U.Von Stockar, I.W.Marison, The use of calorimetry in biotechnology, Bioprocess Eng (1989).

[39]   P.C.Weber, R.Salemme, Applications of calorimetric methods to drug discovery and the study of protein interactions, Curr Opin Struc Biol (2003).

[40]   N.Vargheses, S.R.C.Vivekchanda, A.Govindaraja, C.N.R.Rao, A calorimetric investigation of the assembly of gold nanorods to form necklaces, Chem Phys Lett (2008).

[41]   D.T.Haynie, Biological Thermodynamics, Cambridge, Reino Unido, Cambridge University Press (2008).

[42]   P.J.Haines, M.Reading, F.W.Wilburn, Análise térmica diferencial e calorimetria diferencial de varrimento. Em Brown ME, editor. (ed), Handbook of Thermal Analysis and Calorimetry, The Netherlands Elsevier Science BV., vol.**1** (1998).

[43]   R.L.Danley, New heat flux DSC measurement technique, Thermochim Ata (2002).

CAPÍTULO 3

SÍNTESE E ESTUDOS DO TAMANHO DAS PARTÍCULAS DE NANOPARTICULAS DE CdS:Tm PURO E DOPADO

(Tm = Zn^{2+} , Mn^{2+} , Cu^{2+}) NANOPARTICULAS

3.1 Introdução

Todos os produtos químicos utilizados neste trabalho de investigação eram de grau Reagente Analítico (AR) adquiridos à New India Scientific Supplies. A síntese de nanocristais de sulfureto de cádmio (CdS), CdS dopado com zinco (Zn), manganês (Mn) e cobre (Cu) separadamente foi efectuada por via solvotérmica. Para obter nanopartículas de CdS puro, utilizou-se acetato de cádmio (Cd (Ac)2)e tioacetamida (TAA)para reagir entre si. Para a dopagem, foram utilizados como materiais precursores produtos químicos como o acetato de zinco, o acetato de manganês e o acetato de cobre. Neste trabalho, a concentração de dopantes foi considerada como 1 mol%, 2 mol% e 3 mol%. O forno de micro-ondas foi utilizado como aparelho técnico. As amostras sintetizadas foram caracterizadas por vários estudos, tais como XRD em pó, SEM, EDAX, ICP-AES, FT-IR, técnicas de absorção UV-visível, TGA e DSC. Todas as análises foram efectuadas no NIST, Pappanamcode, Thiruvanathapuram, SAIF-STIC, CUSAT, Cochin.

3.2 Síntese de nanopartículas de CdS e CdS:Tm (Tm = Zn^{2+} , Mn^{2+} e Cu $)^{2+}$

Para preparar nanopartículas puras de CdS por via solvotérmica assistida por micro-ondas, o acetato de cádmio (Cd(CH3COO)2.2H2O) e a tioacetamida (CH3CSNH2) foram utilizados como materiais precursores de partida numa proporção molar de 1:1. A quantidade de material precursor dissolvido em V volume de etilenoglicol é calculada utilizando a fórmula

$$\text{Required substance} = \frac{MXV}{1000} \quad \text{(in gram units)} \quad \ldots\ldots(3.1)$$

em que M é o peso molecular da substância, X é a concentração em unidades molares e V é o volume de etilenoglicol (HOCH2CH2OH). Numa síntese típica de nanopartículas de CdS, a quantidade de acetato de cádmio e tioacetamida necessária para dissolver em 30 ml de etilenoglicol foi calculada em 2,95 g e 2,99 g, respetivamente. Os materiais precursores foram dissolvidos em etilenoglicol e agitados com um agitador magnético. A solução bem misturada foi colocada numa taça e mantida num forno de micro-ondas doméstico (modelo Videocon 800 W com seis níveis de potência/tempo ajustáveis). O aparelho está totalmente carregado com um prato circular de vidro duro rotativo na parte inferior para colocar a taça. A parede lateral do aparelho está bem protegida com uma cobertura de folha de estanho. A solução é colocada na taça com a tampa superior, que é sustentável para o calor produzido no interior do forno. A solução/material foi submetida a irradiação por micro-ondas de 800 W durante 20 minutos.

O precipitado coloidal obtido após esta irradiação foi arrefecido ao ar até à temperatura ambiente. Esta substância arrefecida foi lavada várias vezes com água bidestilada e depois com álcool para remover as eventuais impurezas orgânicas presentes na amostra. A amostra foi então filtrada e seca ao ar atmosférico e recolhida como rendimento. A amostra foi finalmente recozida a cerca de 100 °C durante 2 horas para obter nanopartículas de CdS de fase pura. Todo o procedimento experimental está representado na figura 3.1 e as diferentes fases da síntese solvotérmica de CdS são apresentadas na figura (3.2).

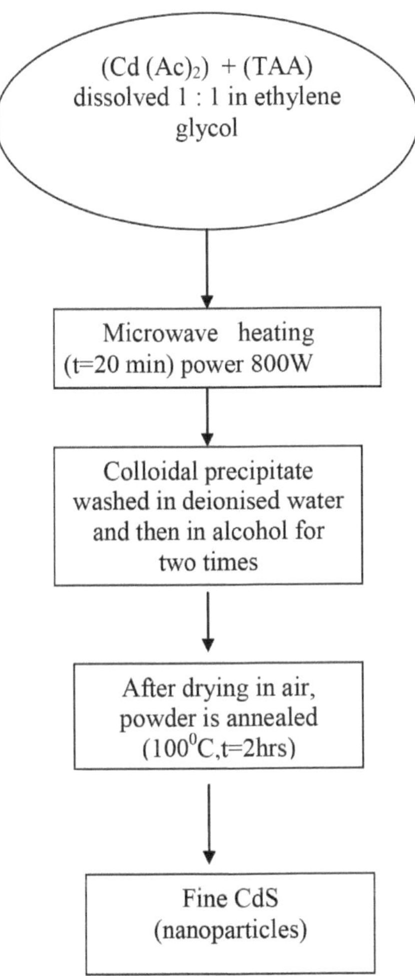

Figura 3.1: Fluxograma da preparação de nanopartículas de CdS

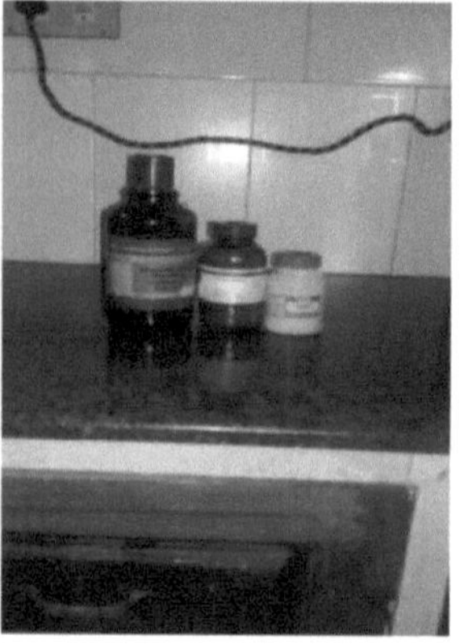
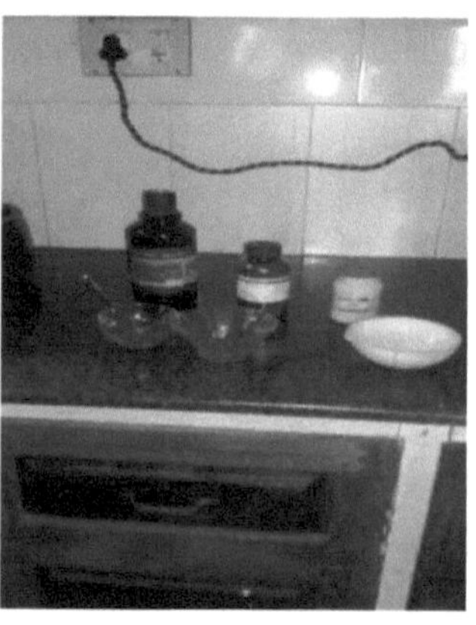

Chemical Reagents

Cadmium acetate and Thioacetamide Dissolved in ethylene glycol

Precursor mixture kept in microwave oven

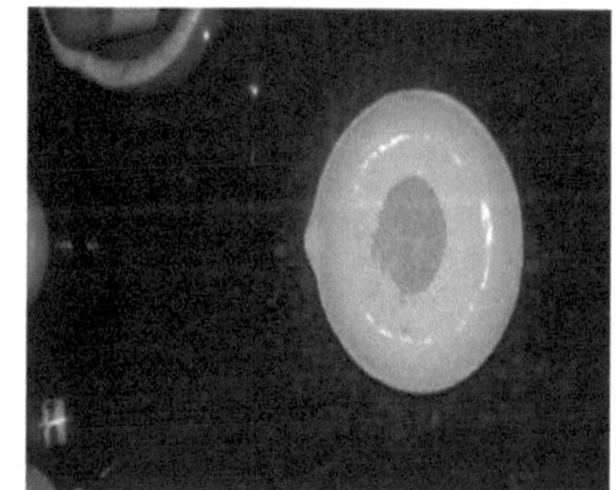

Annealing process

CdS nanopowder

Figure 3.2: Different stages of solvothermal synthesis

Para sintetizar nanopartículas de CdS:Tm dopado (Tm = Zn^{2+} , Mn^{2+} , Cu^{2+}), foram utilizados produtos químicos como o acetato de zinco, o acetato de manganês e o acetato de cobre como materiais precursores para a dopagem. Para obter CdS:Zn^{2+} , foram adicionados separadamente 1 mol%, 2 mol% e 3 mol% de acetato de zinco à solução de acetato de cádmio (Cd (Ac)2) e tioacetamida (TAA), tendo sido mantida no forno de micro-ondas. O processamento foi semelhante ao das nanopartículas de CdS não dopadas, como explicado acima. Do mesmo modo, para sintetizar CdS:Mn^{2+} , foram utilizados 1 mol%, 2 mol% e 3 mol% de acetato de manganês, para obter nanopartículas de CdS:Cu^{2+} , foram adicionados separadamente 1 mol%, 2 mol% e 3 mol% de acetato de cobre às soluções de acetato de cádmio (Cd (Ac)2)e tioacetamida (TAA).

3.2.1 O mecanismo de reação da síntese de nanocristais de CdS

Durante o processo de síntese, a tioacetamida (TAA) pode reagir com os vestígios de água contidos no etilenoglicol e também com a água desionizada no acetato de cádmio (Cd(Ac)2), libertando gradualmente H2S. Este sofre decomposição térmica sob irradiação de micro-ondas para produzir sulfureto de cádmio (CdS). As reacções são as seguintes

$$CH_3CSNH_2 + 2H_2O = CH_3COONH_4 + H_2S$$
$$Cd(Ac)_2 + H_2S = CdS + 2HAc.$$

Nesta síntese por micro-ondas, o etilenoglicol e a irradiação por micro-ondas desempenham um papel fundamental na preparação de nanopartículas de CdS. O etilenoglicol, actuando como meio de reação e meio de dispersão, pode absorver e estabilizar eficazmente a superfície das partículas e favorecer a produção de nanocristais de CdS.

3.3 Caracterização da estrutura e pureza de fase das amostras pela técnica de difração de raios X (DRX)

O CdS puro preparado e o CdS dopado:Tm (Tm = Zn^{2+} , Mn^{2+} e Cu^{2+}) obtido por via solvotérmica no presente trabalho foram caracterizados por diferentes técnicas de caraterização. A estrutura e a pureza de fase dos pós foram examinadas pela técnica de difração de raios X (DRX) em pó, utilizando um difratómetro de raios X (Modelo Bruker AXS D-8) com radiação Cu-K_α filtrada por níquel (Cu Kα: λ = 1,5406 Å) com 2θ variando de 10° a 80° à velocidade de $2°min^{-1}$. As amostras foram depositadas nos substratos de vidro. Após a volatilização do etanol, as amostras foram analisadas. A análise foi registada no SAIF-STIC, Cusat, Cochin. A Figura 3.3 mostra o padrão XRD para a amostra de nanocristais de CdS puro (100^0 C durante 120 minutos), sintetizada pelo método solvotérmico utilizando o forno de micro-ondas. A amostra de CdS puro é recozida a 100°C durante 120 minutos.

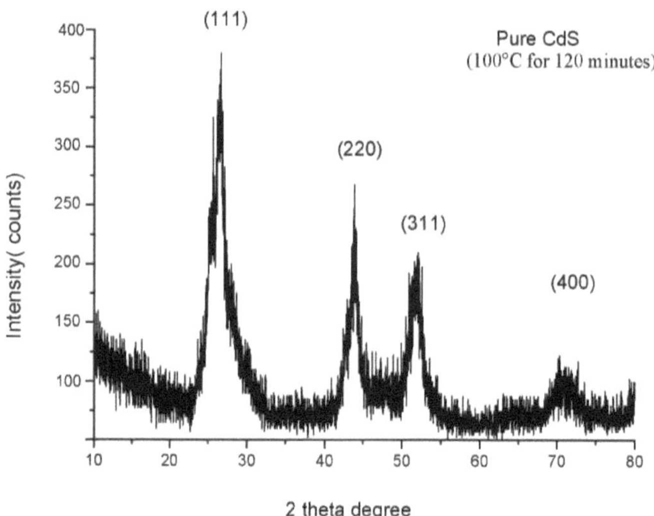

Figura 3.3: Padrão XRD para nanopartículas de CdS puro

O padrão XRD consiste em três picos distintos em três ângulos diferentes. Observa-se também que existe um pequeno quarto pico. Isto mostra que a amostra sintetizada pertence à fase pura de CdS. Todos os picos de XRD são alargados e difusos. Este padrão alargado e difuso de linhas XRD é indicativo da natureza nanocristalina das partículas de CdS. Contém fase cúbica com uma pequena fase hexagonal de CdS. A fase cúbica de CdS foi mais frequentemente encontrada em partículas coloidais de CdS sintetizadas, mas a fase em macroescala de CdS é normalmente com a estrutura hexagonal [1]. Na síntese solvotérmica, a fase hexagonal é mais comum [2,3]. A coexistência das fases cúbica e hexagonal também foi registada [4]. No presente sistema, obtemos também a fase cúbica e a fase hexagonal. Os valores de 'hkl' são comparados com o ficheiro padrão JCPDS (10-454)[5]. O padrão XRD exibe picos largos e proeminentes com valores 2θ de 26,40, 43,73 e 51,90, que podem ser indexados à dispersão dos planos (1 1 1), (2 2 0) e (3 1 1), respetivamente, do CdS cúbico [6-13]. O quarto pico no valor 2θ de 70,01 Å que é indexado à dispersão no plano (4 0 0) mostra a fase hexagonal.

Os picos de XRD são muito largos, o que indica que os grãos da amostra são muito finos. Este alargamento do pico pode também surgir devido à micro-deformação da estrutura cristalina resultante de defeitos como deslocação e geminação, etc. Pensa-se que estes defeitos estão associados aos nanocristais sintetizados quimicamente, uma vez que crescem espontaneamente durante a reação química [14,15]. Estes nanocristais têm menos planos de rede em comparação com a massa, o que contribui para o alargamento dos picos no padrão difuso. Isto demonstra a natureza nanocristalina das partículas de CdS e o padrão difuso mostra a presença de fase cúbica e hexagonal no presente sistema. Os valores dos parâmetros de rede foram calculados utilizando o software XRDA e os valores encontrados são a = b = c = 5,4500 Å. Todos os dados obtidos neste trabalho estão em conformidade com os valores padrão indicados na tabela 3.1.

JCPDS normalizado			Valores experimentais		
(hkl)	espaçamento d	2θ (graus)	(hkl)	espaçamento d Â	2θ (graus)
(111)	3.16	28.218	(111)	3.34	26.66
(220)	1.93	47.046	(220)	2.06	43.78
(311)	1.64	56.029	(311)	1.75	51.95
(400)	1.36	68.999	(400)	1.48	70.01

Tabela 3.1: Comparação entre os dados experimentais e padrão de XRD

A partir da tabela acima, observa-se que o espaçamento d das partículas de CdS para o plano (111) é de 3,16 Â, para o plano (220) é de 1,93 Â, para o plano (311) é de 1,64 Â e para o plano (400) é de 1,36 Â. Nos valores experimentais, o espaçamento d das nanopartículas de CdS puro é, para o plano (111) é 3,34 Â, para o plano (220) é 2,06 Â, para o plano (311) é 1,75 Â e para o plano (400) é 1,48 Â. Aqui, mostra-se que os valores do espaçamento d estão a variar quando comparados com o CdS em massa. Isto deve-se à natureza nanocristalina das partículas.

Verifica-se uma ligeira variação do valor de 2θ nos nanocristais puros quando comparados com as moléculas a granel. O ângulo 2 theta de (111) é deslocado de 28,21 para 26,66, o pico (220) é deslocado de 47,04 para 43,78, o pico (311) é deslocado de 56,029 para 51,95 e o pico (400) é deslocado de 68,99 para 70,01. Isto mostra que o tamanho das partículas é reduzido devido à natureza nanocristalina da amostra. A partir dos detalhes acima mencionados, assegurámos que a amostra preparada é um nanocristal de CdS.

O tamanho do grão do CdS nanocristalino puro foi calculado a partir da equação de Scherrer [16-19]. A fórmula de Scherrer é dada por:

$$D = 0.9\lambda / \beta Cos\theta \qquad (3.2)$$

Onde D é o tamanho do cristalito em nm, λ é o comprimento de onda dos raios X (1,5406 Â), β é a largura total a meio máximo e θ é o ângulo do pico de difração. O tamanho médio das partículas da amostra de CdS puro é de 16,65 nm. Os picos de XRD foram indexados com a ajuda de um programa de computador POWDIN [20] utilizando o espaçamento interplanar d.

3.3.1 Efeito do tempo de recozimento no tamanho das partículas

Fig 3.4: - Padrões de XRD do CdS puro devido ao efeito do tempo de recozimento

As nanopartículas de CdS crescidas são recozidas a 200^0 C durante diferentes períodos, nomeadamente 12 minutos, 20 minutos e 120 minutos. Estas são designadas por Amostra 1, Amostra 2 e Amostra 3, respetivamente. O padrão XRD das amostras 1, 2 e 3 é apresentado na figura (3.4).

O padrão XRD mostra três picos distintos em ângulos diferentes, o que enfatiza que as amostras sintetizadas estão em fase CdS pura. Na figura, está também presente um pico mais pequeno e todos os quatro picos estão alargados e difusos. Pode concluir-se que todas as amostras de CdS estão na forma nanocristalina e são exibidas no padrão alargado e difuso das linhas XRD na figura. O padrão XRD apresenta valores 'hkl' proeminentes e estes valores são comparados com o ficheiro padrão JCPDS. Os picos estão indexados a (111), (220), (311) e

(400) e, a partir do padrão difuso e alargado de XRD, é possível comprovar que a nanopartícula se encontra nas fases cúbica e hexagonal. A figura indica que, à medida que o tempo de recozimento aumenta, os picos de difração tornam-se mais nítidos e mais estreitos, o que nos indica a natureza cristalina das nanopartículas de CdS e o aumento da intensidade indica a intensificação da cristalinidade [21].

Nome da amostra	Temperatura (^{0} C)	Tempo de recozimento (min)	Altura do pico (contagem)	Ângulo (2 Theta) (111),(220),(311) Â	Tamanho das partículas (nm)
Amostra 1	200 C^0	12	121.32	26.53,43.83, 51.83	14.06
Amostra 2	200 C^0	20	328.47	26.57,43.90,51.98	18.33
Amostra 3	200 C^0	120	403.74	26.66,43.94,52.02	21.05

Tabela: 3.2: O tamanho das nano partículas de CdS puro em função do tempo de recozimento

O tamanho das partículas das amostras recozidas a 200^0 C durante diferentes tempos é calculado utilizando a fórmula de Scherrer e os diferentes dados do XRD são apresentados na tabela (3.2). A partir desta tabela, observou-se que uma ligeira variação no valor de 2θ também é mostrada quando o tempo de recozimento aumenta de 12 minutos para 120 minutos. O 2 theta do pico (111) está a mudar de 26,53 para 26,57 e para 26,66, o pico (220) está a mudar de 43,83 para 43,90 e para 43,94 e o pico (311) está a mudar de 51,83 para 51,98 e para 52,02, o pico (400) está a mudar de 70,08 para 70,98 e para 71,04. Este facto pode dever-se à conversão da fase amorfa em fase cristalina das nanopartículas de CdS puro tal como crescidas

A contagem da intensidade aumenta de 121,32 para 328,47 e para 403,74, o que indica que a intensificação da cristalinidade [20]. Além disso, verificou-se que o tempo de recozimento mostra a mudança no tamanho das partículas da nano partícula. O tamanho de grão do CdS nanocristalino foi calculado a partir da equação de Scherrer.

3.3.2 Efeito da temperatura de recozimento no tamanho das partículas

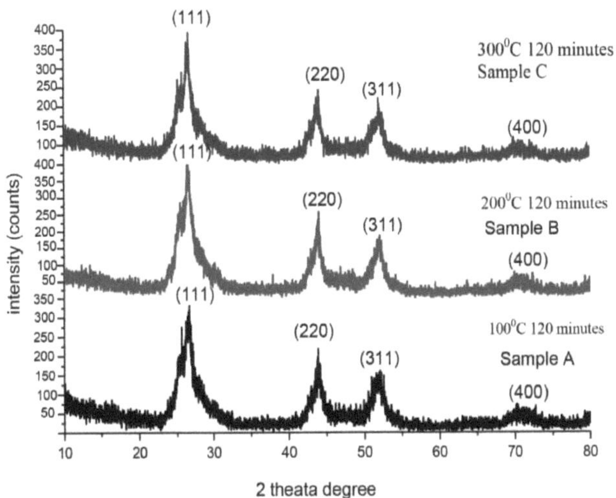

Fig. 3.5: - Padrões de XRD do CdS puro devido ao efeito da temperatura de recozimento

As nanopartículas de CdS previamente preparadas são recozidas a diferentes temperaturas, nomeadamente 100^0 C, 200^0 C e 300^0 C durante 120 minutos. Estas amostras são designadas por amostra A, amostra B e amostra C.

Os padrões de XRD destas amostras são mostrados na figura (3.5). Os diferentes parâmetros do XRD e o tamanho das partículas calculado a partir da fórmula de Sherrer são apresentados na tabela 3.2 para as amostras. A tabela mostra quatro picos distintos em diferentes ângulos. Além disso, todos os picos estão alargados e difusos. À medida que o tempo e a temperatura de recozimento aumentam, os picos de difração tornam-se mais nítidos e mais estreitos, e a intensidade aumenta, o que indica a intensificação da cristalinidade [21]. Isto indica que todas as amostras são de natureza nanocristalina. A natureza alargada e difusa dos picos estabelece a existência de uma natureza cúbica e hexagonal das nanopartículas de CdS puro.

A partir da figura, observa-se também que a intensidade do pico aumenta com o aumento da temperatura de recozimento para todas as amostras. O aumento da intensidade com a temperatura pode dever-se à natureza cristalina das nanopartículas de CdS puro. Observa-se também uma ligeira deslocação para a região de ângulos mais elevados à medida que a temperatura aumenta. Além disso, verifica-se que a largura do pico diminui com as temperaturas de recozimento. Todas estas observações explicam a natureza cristalina das nanopartículas de CdS puro.

Verifica-se que o tamanho das partículas das nanopartículas de CdS puro aumenta com a temperatura de recozimento. No processo de aquecimento, quando as partículas são formadas, colidem e coalescem umas com as outras para formar uma partícula maior ou coagulam [22]. O processo que ocorre depende da temperatura e da energia disponível, razão pela qual o tamanho das partículas aumenta com o aumento da temperatura.

Nome da amostra	Temperatura (0C)	Tempo de recozimento (min)	Altura do pico (contagem)	Pico máximo (2 theta) (111),(220),(311), (400)	FWHM (^{0} 2θ)	Tamanho das partículas (nm)
Amostra A	100 C^0	120	370.67	26.40,43.73,51.90, 70.01	0.2676	16.65
Amostra B	200 C^0	120	403.74	26.66,43.78,51.93, 70.08	0.4684	21.05
Amostra C	3 00 C^0	120	410.24	26.68,43.94,51.95, 70.13	0.4587	23.36

Tabela: 3.3: O tamanho das nano partículas de CdS puro em função da temperatura de recozimento

3.4 XRD em pó das nanopartículas de CdS dopadas

3.4.1 Efeito da concentração no tamanho das partículas

(a) Zn^{2+} CdS dopado com Zn

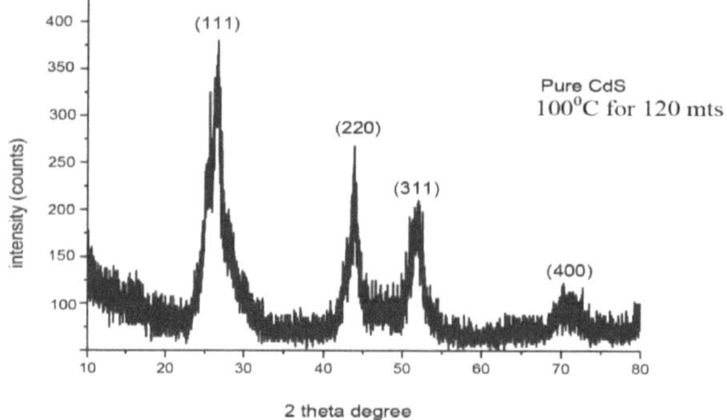

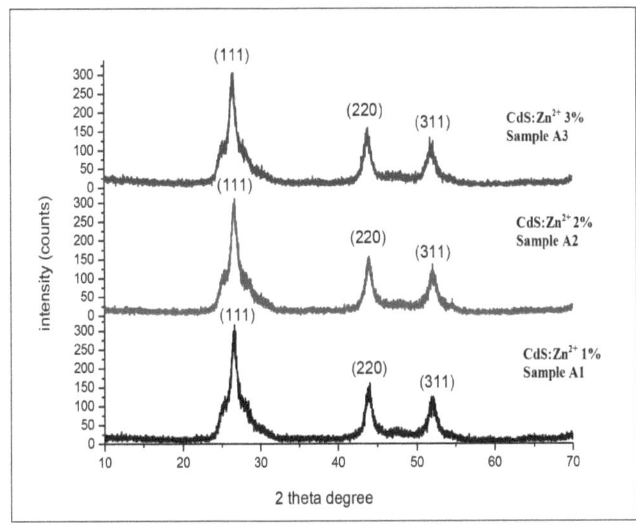

Fig 3.6:- Padrões de XRD das nanopartículas de CdS dopadas com Zn $^{2+}$

Na presente investigação, o CdS puro é dopado com o ião metálico de transição Zn^{2+} e o efeito da concentração de dopagem de Zn^{2+} é estudado para 1 mol%, 2 mol% e 3 mol%. As amostras são designadas por amostra A1, amostra A2 e amostra A3, respetivamente, e todos estes padrões de XRD são apresentados na figura (3.6). Todas estas amostras foram recozidas a 100^{0} C durante 120 minutos. Os dados relativos ao tamanho das partículas estão representados na tabela 3.4.

O padrão de XRD apresentado na figura mostra que, para as amostras dopadas, os picos de XRD são alargados e visíveis. Mostra que, com o aumento da concentração de dopagem do ião Zn^{2+} , a intensidade dos picos de difração diminui e a largura total a meio máximo (FWHM) aumenta gradualmente ou alarga-se, resultados semelhantes são feitos no trabalho de L.S Ravangave [23]. A partir da tabela, verifica-se que, a intensidade ou altura do pico para nanopartículas de CdS puro é 370,67, para Zn^{2+} 1mol % é 351,03, para Zn^{2+} 2mol % é 326,34 e para Zn^{2+} 3mol % é 311,59.

O aumento da concentração de dopagem resulta na diminuição da cristalinidade e no aumento do efeito de desordem, o que resulta no alargamento e no aumento da intensidade dos picos de XRD. Verifica-se claramente que todos os padrões de XRD correspondem à estrutura cúbica do CdS. Observa-se que não há picos para o metal dopado, sulfuretos ou qualquer fase binária de cádmio metálico em nenhum dos padrões de XRD das amostras de CdS dopadas.

Com o aumento da percentagem de dopagem, as posições dos picos deslocam-se ligeiramente para ângulos mais baixos, o que indica um ligeiro aumento dos parâmetros da rede. Isto resulta presumivelmente da substituição de iões metálicos com um pequeno raio iónico. Além disso, o aumento da concentração de dopante indica que os tamanhos das partículas das nanopartículas diminuem, o que é mostrado na tabela 3.4.

Concentração	Altura de pico (contagem)	Valor de pico máximo de 2θ para(^{0} 2θ)	FWHM(o2θ)	Tamanho das partículas (nm)
Cds puros	370.67	26.40	0.2676	16.65
(Zn^2 + 1%) Amostra A1	351.03	26.38	0.5353	14.49
(Zn^2 + 2%) Amostra A2	326.34	26.359	0.6022	11.82
(Zn^2 + 3%) Amostra A3	311.59	26.29	0.6691	10.28

Tabela: 3.4:- Parâmetros relevantes para o tamanho das partículas

A tabela mostra claramente que todos os valores de 2θ estão a variar entre as amostras de CdS puro e dopado. Para o CdS puro é de 26,40, para a amostra Zn^2 + 1 mol% é de 26,38, para a amostra Zn^2 + 2 mol% é de 26,35 e para a amostra Zn^2 + 3 mol% é de 26,29. A tabela mostra também os valores de FWHM das amostras dopadas, que aumentam em comparação com o CdS puro. O valor de FWHM para o CdS puro é de 0,2676, para a amostra de Zn^{2+} 1 mol% é de 0,5353, para a amostra de Zn^{2+} 2 mol% é de 0,6022 e para a amostra de Zn^{2+} 3 mol% é de 0,6691. Além disso, o tamanho das partículas do CdS puro é de 16,65, para a amostra de Zn^{2+} 1 mol% é de 14,49, para a amostra de Zn^{2+} 2 mol% é de 11,82 e para a amostra de Zn^{2+} 3 mol% é de 10,28. À medida que a concentração do dopante é aumentada, verifica-se que o tamanho das partículas diminui de 14,49 nm para 10,28 nm.

(b) Mn^{2+} CdS dopado

Neste estudo, o CdS puro é dopado com o ião metálico de transição Mn^{2+} em diferentes concentrações, 1 mol%, 2 mol% e 3 mol%, respetivamente. As amostras são designadas por amostra B1, amostra B2 e amostra B3. Todas estas amostras são recozidas a 100^0 C durante 120 minutos e os seus padrões XRD são mostrados na figura (3.7).

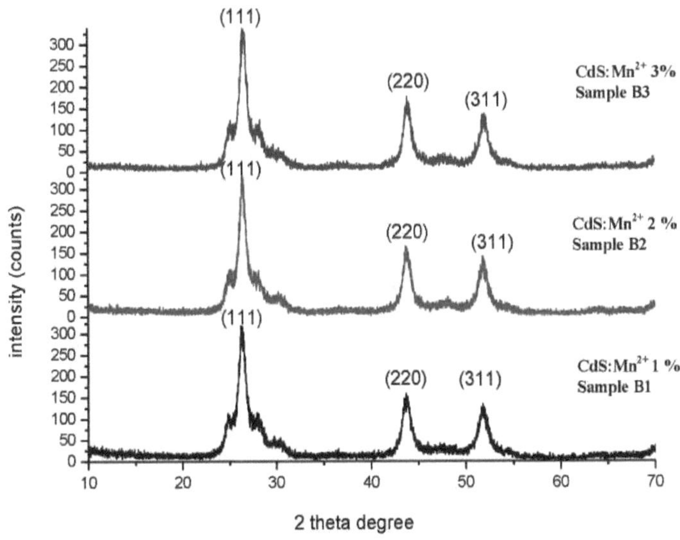

Fig 3.7:- Padrões de XRD das nanopartículas de CdS dopadas com Mn $^{2+}$

Na figura 3.7, todos os picos de XRD das amostras dopadas estão alargados e visíveis. Isto indica que, com o aumento da concentração de dopagem do ião Mn^{2+}, a intensidade dos picos de difração diminui e a largura total a meio máximo (FWHM) aumenta gradualmente. O aumento da concentração de dopagem resulta na diminuição da cristalinidade e no aumento do efeito de desordem, o que resulta no alargamento e no aumento da intensidade dos picos de XRD. A análise de XRD revela que os nanocristais de Cds:Mn^{2+} têm uma estrutura cristalina de zinco-blenda. É claramente visível que todos os padrões de XRD correspondem à estrutura cúbica do CdS.

Neste padrão de XRD, os picos para os iões metálicos dopados, sulfuretos ou qualquer fase metálica binária estão ausentes. As posições dos picos são ligeiramente deslocadas para ângulos mais baixos com o aumento da percentagem de dopagem. Este facto indica um ligeiro aumento dos parâmetros da rede. Isto é devido aos resultados presumíveis da substituição de iões metálicos com um raio iónico pequeno. Quando a concentração de dopagem aumentou, o tamanho das partículas do nanocristal diminuiu, como mostra a tabela 3.5.

Concentração	Altura do pico (contagem)	Valor de pico máximo de 2θ para(^{0} 2θ)	FWHM (o2θ)	Tamanho das partículas $^{(nm)}$
Cds puros	370.67	26.40	0.2676	16.65
(Mn^2 + 1%) Amostra B1	347.85	26.39	0.5385	14.93

$(Mn^2 + 2\%)$ Amostra B2	331.16	26.33	0.6528	14.06
$(Mn^2 + 3\%)$ Amostra B3	325.69	26.25	0.6691	12.12

Tabela: 3.5:- Valores máximos de 2θ das amostras puras e dopadas

A partir da tabela 3.5, observa-se que o valor da altura do pico ou a contagem da intensidade diminuiu com o aumento da concentração do dopante. Neste caso, a intensidade do CdS puro é de 370,67, a do Mn^{2+} 1 mol % é de 347,85, a do Mn^{2+} 2 mol % é de 331,16 e a do Mn^{2+} 3 mol % é de 325,69. Este resultado mostra que, quando a co-geração de dopagem aumenta, a intensidade do pico diminui. Isto deve-se à diminuição da cristalinidade e ao aumento do efeito de desordem. Também se observou que os valores de 2θ de todas as amostras dopadas estão a mudar quando comparados com o CdS puro. O valor 2θ para o CdS puro é 26,40 Â, para a amostra B1 é 26,39 Â, para a amostra B2 é 26,33 Â e para a amostra B3 é 26,25 Â. Esta deslocação indica o ligeiro aumento dos parâmetros da rede. A partir da tabela, os valores de FWHM para o CdS puro são 0,2676, para a amostra B1 são 0,5385, para a amostra B2 são 0,6528 e para a amostra B3 são 0,6691. Isto mostra que a FWHM aumentou com o aumento da concentração de dopagem. Devido a este facto, a cristalinidade diminui e a desordem aumenta.

Por fim, a tabela fornece informações sobre o tamanho das partículas. O tamanho das partículas diminui quando a concentração do dopante aumenta.

(C) Cu^{2+} Doped CdS

Neste caso, o CdS é dopado com o ião metálico de transição Cu^{2+} em diferentes concentrações, 1 mol%, 2 mol% e 3 mol%, respetivamente. As amostras são designadas por amostra C1, amostra C2 e amostra C3. Estas amostras são recozidas a 100^0 C durante 120 minutos e os padrões XRD são obtidos e mostrados na figura (3.8).

O padrão XRD das amostras dopadas de CdS: Cu^{2+} é apresentado na figura e todos os picos são alargados e visíveis. Quando a concentração de dopagem do ião Cu^{2+} aumenta, a intensidade dos picos de difração diminui, o que dá origem a uma diminuição da cristalinidade e a um aumento do efeito de desordem. A FWHM é gradualmente aumentada ou alargada com o aumento da concentração de dopagem. Também resulta da diminuição da cristalinidade e do aumento do efeito de desordem. Observa-se claramente no padrão XRD que as nanopartículas de CdS preparadas apresentam fases cúbicas e hexagonais e que não existem picos para o metal dopado, sulfuretos ou qualquer fase binária de cádmio metálico em nenhum dos padrões XRD das amostras de CdS dopadas. Todas as posições dos picos se deslocam ligeiramente para ângulos mais baixos, o que indica o ligeiro aumento dos parâmetros de rede, quando a concentração de dopagem aumenta. Isto deve-se à substituição de iões metálicos com um raio iónico pequeno. Além disso, com o aumento da concentração de dopagem, o tamanho das partículas das nanopartículas diminui e é mostrado na tabela 3.6.

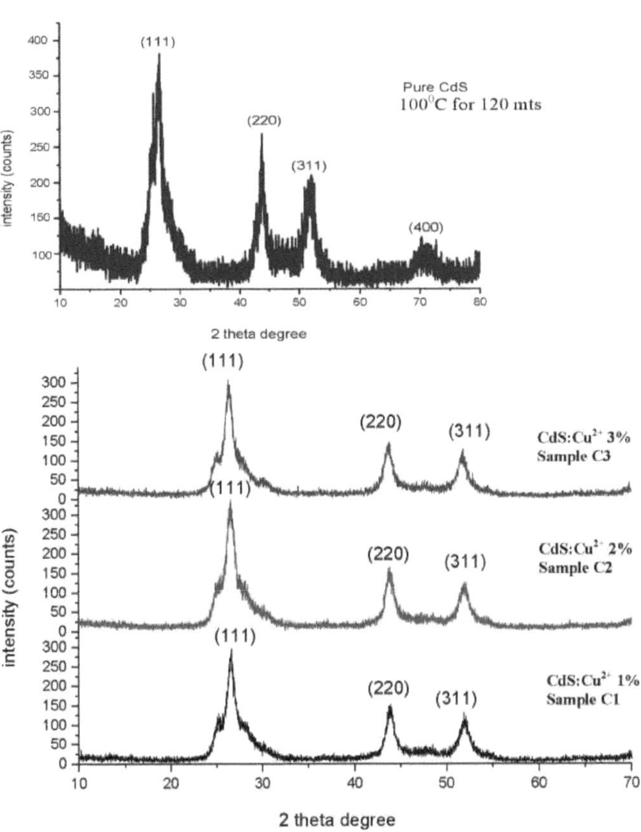

Fig 3.8:- Padrões de XRD das nanopartículas de Cds dopadas com Cu $^{2+}$

Ião de concentração	Altura do pico (contagens)	Máximo Valor de pico de 2θ para (^{0} 2θ)	FWHM (^{0}(o2θ)	Tamanho das partículas (nm)
Cds puros	370.67	26.40	0.2676	16.65
(Cu^2 + 1%) Amostra C1	348.87	26.38	0.5353	15.83
(Cu^2 + 2%) Amostra C2	340.16	26.22	0.5353	13.31
(Cu^2 + 3%) Amostra C3	320.11	26.15	0.6691	12.78

Tabela: 3.6:- Parâmetros XRD das nanopartículas de CdS dopadas com Cu $^{2+}$

A partir da tabela 3.6, observa-se que a intensidade diminuiu do Cds puro para as amostras dopadas em diferentes concentrações. A intensidade para a amostra pura é de 370,67, para a amostra C1 é de 348,87, para a amostra C2 é de 340,16 e para a amostra C3 é de 320,11. Isto mostra que a diminuição da intensidade do pico provoca a diminuição da cristalinidade e o aumento do efeito de desordem.

Nesta tabela, o valor 2θ da amostra pura é 26,40 Å, o da amostra C1 é 26,38 Å, o da amostra C2 é 26,22 Å e o da amostra C3 é 26,15 Å. Isto mostra claramente que todos os picos de XRD são deslocados para ângulos mais baixos. E o FWHM também aumentou de 0,2676 para 0,6691. Isto mostra a cristalinidade das partículas.

A partir da tabela, observa-se que o tamanho das partículas das nanopartículas diminuiu com o aumento da concentração de dopagem. O tamanho das partículas da amostra pura é de 16,65 e para as amostras dopadas está a diminuir de 15,83 para 12,78, dependendo da concentração.

3.4.2 Efeito dos raios iónicos das nano partículas de CdS dopadas

O efeito do raio iónico dos dopantes na nanopartícula de CdS pura é estudado nesta secção. Os vários parâmetros observados a partir do XRD do CdS puro e dopado: Tm (Tm=Zn^{2+}, Mn^{2+}, Cu^{2+}) para 1 mol %, 2 mol % e 3 mol % são tabulados nas tabelas 3.7, 3.8 e 3.9, respetivamente. Para todas as amostras acima referidas, a temperatura e o tempo de recozimento são mantidos a 100^{0} C durante 120 minutos.

A partir da tabela 3.7, observa-se que a intensidade do dopante diminui com a diminuição dos raios iónicos. À medida que o raio iónico diminui, a contagem da intensidade do espetro e o espaçamento d entre os picos diminuem, confirmando assim a natureza cada vez mais cristalina das nanopartículas de CdS puras e dopadas. Os espaçamentos d das nanopartículas de CdS dopadas com Mn^{2+}, Cu^{2+} e Zn^{2+} situam-se na gama de 355-339 pm, o que indica que a expansão ocorre após a dopagem para o pico (111). Em contrapartida, também se registou uma contração para os outros picos. As diferentes alterações na microestrutura indicam que podem existir dois tipos de espécies nas nanopartículas de CdS dopadas [24].

Para 1mol % Atributos	Mn^{2} + Raios iónicos 72	Cu^{2} + Raios iónicos 87	Zn^{2} + Raios iónicos 88	CdS puro Raios iónicos 109
Intensidade	347.85	348.87	351.03	370.67
FWHM	0.5385	0.5353	0.5353	0.2676
2θ	26.39	26.38	26.38	26.40
Tamanho das partículas	14.93	15.83	14.45	16.65
d- espaçamento	3.394	3.361	3.381	3.343

Tabela: 3.7:- Efeito dos raios iónicos nas amostras puras e dopadas (1 mol %)

Os tamanhos dos cristalitos das nanopartículas de CdS também aumentaram ou diminuíram consoante a natureza dos dopantes. O tamanho dos cristais das nanopartículas de CdS puro foi calculado utilizando a fórmula de Scherrers e a incorporação de Mn^{2+} , Cu^{2+} e Zn^{2+} reduziu o tamanho dos cristais.

tamanhos.

Para 2mol % Atributos	Mn^2 + Raios iónicos 72	Cu^2 + Raios iónicos 87	Zn^2 + Raios iónicos 88	CdS puro Raios iónicos 109
Intensidade	331.16	340.16	326.34	370.67
FWHM	0.6528	0.5353	0.6022	0.2676
2θ	26.33	26.22	26.35	26.40
Tamanho das partículas	14.06	13.31	11.82	16.65
d- espaçamento	3.389	3.373	3.388	3.343

Tabela: 3.8:- Efeito dos raios iónicos nas amostras puras e dopadas (2 mol%)

À medida que a concentração varia, como se pode ver nas tabelas 3.8 e 3.9, verifica-se que não há grandes alterações nos parâmetros XRD. Também se comprova que as nanopartículas puras e dopadas são cristalinas e têm um tamanho de partícula reduzido com o aumento da concentração.

Para 3mol % Atributos	Mn^2 + Raios iónicos 72	Cu^2 + Raios iónicos 87	Zn^2 + Raios iónicos 88	CdS puro Raios iónicos 109
Intensidade	325.69	320.11	311.59	370.67
FWHM	0.6691	0.6691	0.6691	0.2676
2θ	26.25	26.15	26.29	26.40
Tamanho das partículas	12.12	12.78	10.28	16.65
d- espaçamento	3.346	3.378	3.389	3.343

Referência

[1]   W. Horst, Ang. Chem. Int. Ed. Engl., vol.**32** (1993), 41.

[2]   Y. Li, H. Liao, Y. Fan, L. Li, Y. Qian, Mater. Chem. Phys., vol.**58** (1999), 87.

[3]   Y. Li, H. Liao, Y. Ding, Y. Fan, Y.Zhang e Y. Qian , Inorg. Chem., vol.**38** (1989) 1283.

[4]   S. Yu, J. Yang, Y. Wu, Z. Han, J. Lu, Y. Xie, Y. Qian, Mater. Chem., vol.**9** (1999), 1283.

[5]   H.C. Warad, S.C. Ghosh, B. Hemtanona, C. Thanachayanont, J. Dutta, Science And Technology Of Advanced Materials, vol.**6** (2005), 296.

[6]   Xin Chang, Jieming Cao, Hongmei Ji, Baoqing Fang, Jie Feng, Lijia Pan, Fang Zhang, Haiyan Wang,

Materials Chemistry and Physics, vol.**89** (2005), 6.

[7]   A. J. Bisquert, G. Garcia-Belmonte, A. Pitarch, H.J. Bolink, Chem. Phys.Lett., vol.**422** (2006), 184.

[8]   W. Wang, I.Germanenko,M. Samy El-Shall, Chem. Mater., vol.**14** (2002), 3028.

[9]   M. Shao, Q. Li, L Kong, W.Yu, Y. Qian, J. Phys. Chem. Solids, vol.**64** (2003), 1147

[10]   R. Devi,P. Purkayastha,P.K. Kalita And B. Sarma, Sci., vol.**30** (2007), 123-128.

[11]   El Bially A.B, Seoudi R, Eisa W.Shabaka A.A, Soliman S.I , Abd El Hamid R.K R.A Ramadan, Jul Of Appl Sci Rech., vol.**8(2)** (2012), 676-685.

[12]   Aneeqa Sabah, Saadat Anwar Siddiqi, Salamat Ali, World Academy Of Science, vol.**45** (2010).

[13]   K. Manickathai, S. Kasi Viswanathan, M. Alagar, Ind. J. Pure & Appl. Phys., vol.**46** (2008),561-564.

[14]   A.Dumbrava, C. Badea, G. Prodan e V. Ciupina, Chalcogendie ltrs., vol.**7** (2010),111 118.

[15]   Wenzhong Wang, Zhihui Liu, Changlin Zheng, Congkang Xu, Yingkai lui guanghou Wang, Matrls lets (2002).

[16]   T.P. Sharma, D. Patidar, N.S. Saxena, K.Sharma, Ind. J. Pure & Appl. Phys., Vol.**44** (2005),125.

[17]   T. Meron, G. Markovich,J. Phys. Chem., B vol.**109** (2005) 20232.

[18]   B.D. Cullity, Elements Of X-Ray Diffraction, Addison-Wesley Publishing Co., Inc., (1967).

[19]   K. Vijai Anand, M. Karl Chinnu, R.Mohan Kumar, R.Mohan, R. Jayavel, Appl.Sur.Sci., vol.**255** (2009), 8879.

[20]   Maryam Erfani, Elias Saion, Nayereh Soltani, Mansor Hashim, Wan Saffiey B. Wan Abdullah e Manizheh Navasery . Int. J. Mol. Sci. (2012).

[21]   E.Wu, Powd, um programa interativo de interpretação e indexação de dados de difração de pós Ver.2.1, Escola de Ciências Físicas, Universidade Flinders da Austrália do Sul, Bedford Park S.A, 5042 Au.

[22]   M. Z. Iqbal, S. Ali e M. A. Mirza . Coden Jnsmac, vol. **48**, No.1 & 2 ,(2008).

[23]   L. S. Ravangave . Revista Digest Journal Of Nanomaterials And Biostructures, vol. **7**, No. 3, (2010).

[24]   Sue-Min Chang e Ruey-An Doong, J.Phys.Chem. ,B,(2004),108.

[25]   S.Rinu Sam, S. L. Rayar, P. Selvarajan, International Journel Of Advanced Scientific And Technical Research, Issue 5,Vol. **1**(2015)

CAPÍTULO 4

estudos morfológicos e espectrais de nanopartículas de cds puras e dopadas

4.1 Introdução

Neste trabalho, as nanopartículas de CdS não dopado, CdS dopado:Tm (Tm = Zn^{2+} , Mn^{2+} , Cu^{2+}) foram preparadas por via solvotérmica usando um forno de micro-ondas e as nanopartículas preparadas foram submetidas a vários estudos. Neste capítulo, as morfologias das amostras preparadas foram investigadas através de imagens de Microscopia Eletrónica de Varrimento (SEM), estudos espectrais tais como estudos de absorção UV-Vis, estudos de transmissão UV-Vis, estudos elementares como EDAX, estudos ICP-AES. Os estudos espectrais FTIR também são abordados neste capítulo.

4.2 Estudos morfológicos

4.2.1 Microscópio Eletrónico de Varrimento (SEM)

As imagens SEM foram obtidas para as amostras nanométricas preparadas pelo presente método solvotérmico, utilizando o dispositivo Hitachi S 2400. As nanopartículas de CdS puras recozidas a 100^0 C durante 120 minutos, a 200^0 C durante 12 minutos e a 200^0 C durante 20 minutos são designadas por amostras 1, 2 e 3, respetivamente. As suas imagens SEM são mostradas nas figuras 4.1, 4.2 e 4.3, respetivamente.

A partir destas figuras pode observar-se que estão presentes as fases hexogálicas das nanopartículas de CdS [5,6]. A morfologia rugosa e esponjosa da superfície é evidente, o que torna difícil estimar o tamanho dos cristais devido à aglomeração das partículas [7]. As estruturas hexagonal e cúbica foram observadas em todas as imagens SEM. O tamanho médio das partículas é de cerca de 15,88 nm - 18,79 nm. O tamanho das partículas da amostra 1, da amostra 2 e da amostra 3 é comparável ao tamanho das partículas calculado por XRD. Os grãos agregaram-se para formar nanoclusters [8,9].

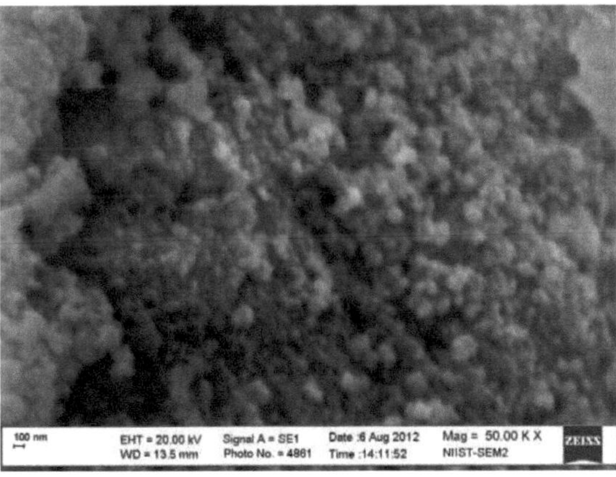

Figura 4.1: Imagem SEM das nanopartículas de CdS puro (amostra 1)

Figura 4.2: Imagem SEM das nanopartículas de CdS puro (amostra 2)

Figura 4.3: Imagem SEM das nanopartículas de CdS puro (amostra3)

As imagens SEM sugerem que o tamanho dos grãos é muito maior. Além disso, embora os cálculos de Scherrers sugiram um aumento do tamanho das partículas com o aumento da temperatura de recozimento, as imagens SEM indicam uma tendência quase inversa. Tendo em conta a discrepância acima referida e o facto de a análise SEM revelar a formação de partículas com diferentes formas e tamanhos, parece apropriado considerar que as partículas que aparecem nas imagens SEM são, de facto, aglomerados de grãos, que se fragmentam com o aumento da temperatura de recozimento. A morfologia de todas as amostras parece ser uniforme e o tamanho das partículas também é baixo [10-12].

As amostras A1, A2 e A3 são as nanopartículas de CdS dopadas com 1 mol %, 2 mol % e 3 mol % de Zn^{2+} e as suas imagens SEM são mostradas nas figuras 4.4, 4.5 e 4.6, respetivamente. Estas são as amostras recozidas a 100^0 C durante 120 minutos.

Figura 4.4: Imagem SEM das nanopartículas de CdS:Zn^{2+} (amostra A1)

Figura 4.5: Imagem SEM das nanopartículas de CdS:Zn^{2+} (amostra A2)

Figura 4.6: Imagem SEM das nanopartículas de CdS:Zn^{2+} (amostra A3)

As imagens de SEM representam alterações na estrutura do CdS preparado pelo presente método solvotérmico. O tamanho do grão, a forma, a textura e as propriedades da superfície foram observados por técnicas de SEM. A partir da imagem SEM das nanopartículas de CdS:Zn^{2+} , é possível visualizar as fases hexagonais das nanopartículas de CdS. Além disso, o padrão difuso no XRD também revela a presença da fase hexagonal juntamente com a fase cúbica.

A micrografia SEM dos resultados indica os seus grãos de tamanho nanométrico e partículas salpicadas de tamanho micrónico [13]. No que respeita à limitação da resolução do SEM, observou-se que a adição de impurezas de Zn ao alvo aumentou o tamanho dos grãos, o que é comprovado pela sua camada de fundo, conforme apresentado nas figuras. Devido à aglomeração das partículas, é muito difícil estimar o tamanho cristalino das nanopartículas, mas a morfologia rugosa e esponjosa da superfície é evidente. Nestas imagens SEM, estão presentes estruturas hexagonais e cúbicas. O tamanho médio das partículas é de cerca de 10,9 nm-14,6 nm. Para além disso, verifica-se também que a aglomeração diminui com o aumento da concentração de Zn^{2+} .

Figura 4.7: Imagem SEM das nanopartículas de CdS:Mn^{2+} (amostra B1)

Figura 4.8: Imagem SEM das nanopartículas de CdS:Mn^{2+} (amostra B2)

Figura 4.9: Imagem SEM das nanopartículas de CdS:Mn^{2+} (amostra B3)

Neste estudo morfológico do ião de metal de transição do nanomaterial dopado com Mn^{2+} com concentrações de 1 mol%, 2 mol% e 3 mol% é feito por SEM. As imagens SEM das amostras de concentração acima B1, B2 e B3 são mostradas nas figuras 4.7, 4.8 e 4.9, respetivamente. Todas estas amostras foram recozidas a 100^0 C durante 120 minutos.

Através desta técnica de SEM, são observados o tamanho do grão da partícula, a forma, a textura e as propriedades da superfície. As imagens SEM de todas as figuras mostram as fases hexogal e cúbica das nano partículas de CdS. Os grãos de tamanho nanométrico e as partículas salpicadas de tamanho micrónico podem ser determinados a partir do resultado da micrografia SEM [13]. A adição da impureza Mn^{2+} ao alvo aumentará o tamanho dos grãos, o que é comprovado pela sua camada de fundo apresentada na imagem SEM. O tamanho médio das partículas é de cerca de 12,9 nm-14,9 nm.

Figura 4.10: Imagem SEM das nanopartículas de CdS:Cu^{2+} (amostra C1)

Figura 4.11: Imagem SEM das nanopartículas de CdS:Cu^{2+} (amostra C2)

Figura 4.12: Imagem SEM das nanopartículas de CdS:Cu^{2+} (amostra C3)

Nesta investigação morfológica, o CdS é dopado com o ião metálico de transição Cu^{2+} para diferentes concentrações, 1 mol%, 2 mol% e 3 mol%, como se pode ver nas figuras 4.10, 4.11 e 4.12, respetivamente. As amostras são designadas por amostra C1, amostra C2 e amostra C3. Estas amostras são recozidas a 100^0 C durante 120 minutos.

A imagem SEM das nanopartículas de CdS:Cu mostra que é possível visualizar as fases hexagonais das nano partículas de CdS. Observou-se que a adição de impurezas de Cu ao alvo aumentou o tamanho dos grãos, o que é comprovado pela sua camada de fundo, conforme apresentado nas figuras. A morfologia rugosa e esponjosa da superfície é evidente, o que dificulta a estimativa do tamanho dos cristais devido à aglomeração das partículas. As estruturas hexagonal e cúbica foram observadas nas imagens SEM. O tamanho médio das partículas é de cerca de 12,3 nm-14,9 nm.

4.2.2 Análise de raios X por dispersão de energia (EDAX)

A morfologia da superfície da amostra foi estudada utilizando o Microscópio Eletrónico de Varrimento de Alta Resolução (HRSEM) FEI Quanta FEG 200 com espetrometria de raios X por dispersão de energia (EDAX). A nanopartícula de CdS puro preparada e recozida a 100^0 C durante 120 minutos é considerada como amostra de CdS puro e o espetro EDAX correspondente é apresentado na figura 4.13. A percentagem de átomos na amostra de CdS puro é apresentada na tabela 4.1

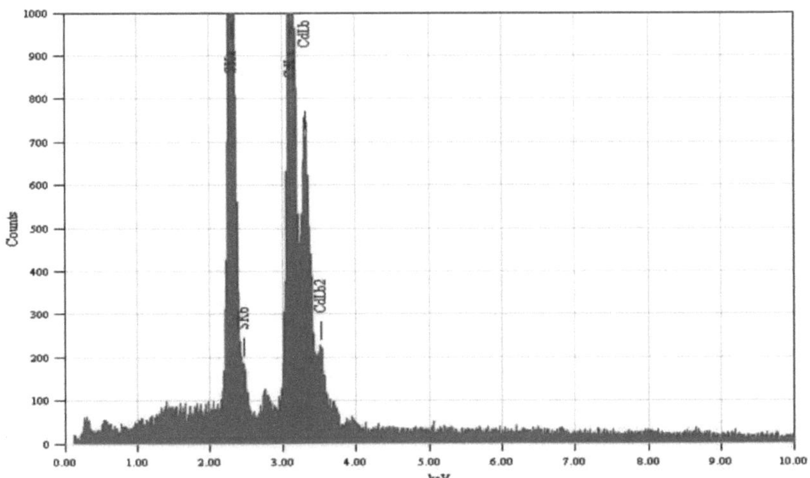

Figura 4.13: Espectro EDAX de nanopartículas de CdS puro

O espetro EDAX confirma que a amostra está próxima da composição normal. A partir da figura e da tabela EDAX acima, verifica-se que a presença de cádmio e sulfureto está claramente comprovada. E mostra que não há outras impurezas presentes na amostra de CdS puro.

Elementos de partida (Em %)		Análise EADX (At%)	
Cd	S	Cd	S
50	50	47.58	52.42

Tabela 4.1: Elementos quantitativos para Cds puros

O espetro EDAX do ião metálico de transição do Zn^{2+} é dopado na amostra pura de CdS na concentração de 1 mole%, 2mole% e 3 mole% com temperatura de recozimento de 100^0 C durante 120 minutos. O espetro EDAX destas amostras é mostrado nas figuras 4.14 a 4.16 e a percentagem correspondente de átomo é tabulada na tabela 4.2.

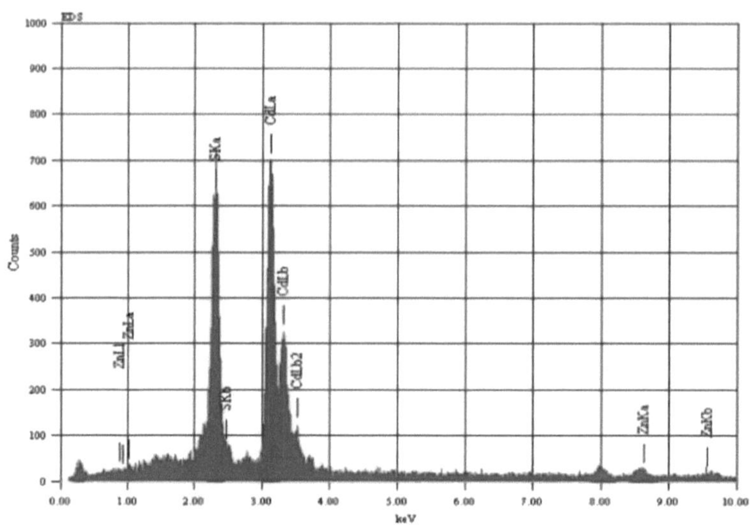

Figura 4.14: Espectro EDAX das nanopartículas de CdS:Zn^{2+} (amostra A1)

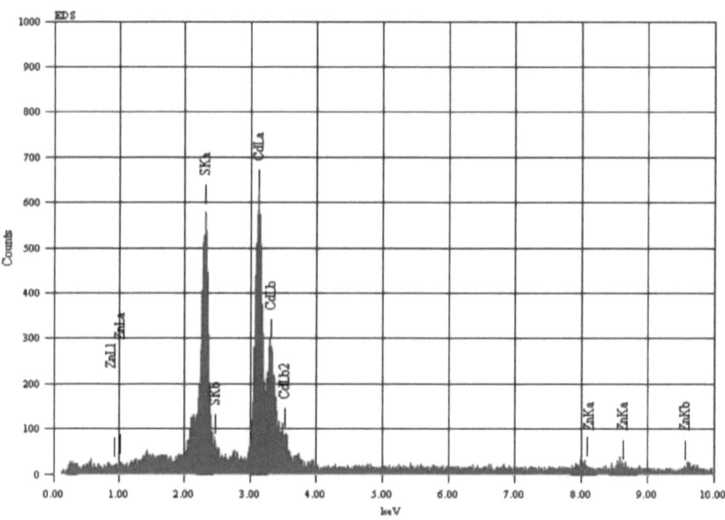

Figura 4.15: Espectro EDAX das nanopartículas de CdS:Zn^{2+} (amostra A2)

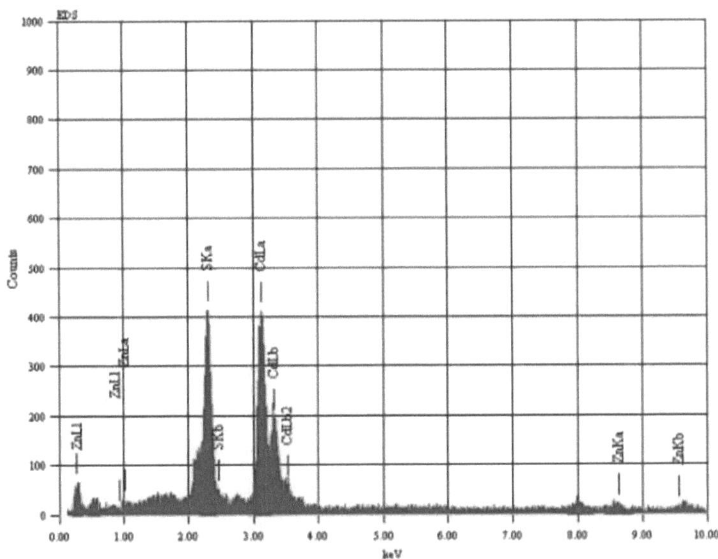

Figura 4.16: Espectro EDAX das nanopartículas de CdS:Zn^{2+} (amostra A3)

Elementos de partida (Em %)			Análise EADX (At%)		
Zn	Cd	S	Cd	S	Zn
0	50	50	47.58	52.42	0
1	49	50	47.12	51.85	1.03
2	48	50	46.58	51.41	2.01
3	47	50	46.14	50.82	3.04

Tabela 4.2: Elementos quantitativos para nanopartículas puras e de CdS:Zn^{2+}

Uma vez que os elementos Cd, S e Zn devem estar numa relação atómica estequiométrica no padrão EDAX, o EDAX de todas as amostras mostra a dopagem bem sucedida de zinco na rede de nanopartículas de CdS. As amostras de CdS:Zn foram primeiro sujeitas a análise química utilizando o método de análise dispersiva de energia de raios X (EDAX). As percentagens atómicas das espécies químicas encontradas nas amostras são apresentadas na Tabela 4.2. O desvio médio das composições estimadas em relação às composições-alvo é de ±2,5%.

O interesse no CdS dopado com Mn^{2+} baseia-se nas suas excelentes propriedades magneto-ópticas causadas por uma forte interação de troca s, p-d entre os estados de banda de electrões/furos e os estados de electrões 3d do Mn^{2+}. As Figuras 4.17 a 4.19 mostram o espetro EDAX do ião metálico de transição Mn^{2+} dopado na amostra pura de CdS com uma concentração de 1 mol%, 2 mol% e 3 mol%, respetivamente, que são recozidos a 100^0 C durante 120 minutos. A percentagem de todos os elementos presentes na amostra é apresentada na tabela 4.2

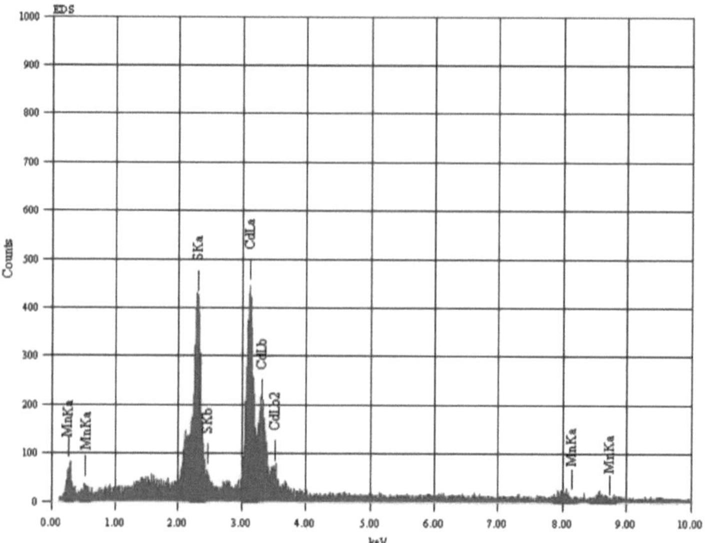

Figura 4.17: Espectro EDAX das nanopartículas de CdS:Mn^{2+} (amostra B1)

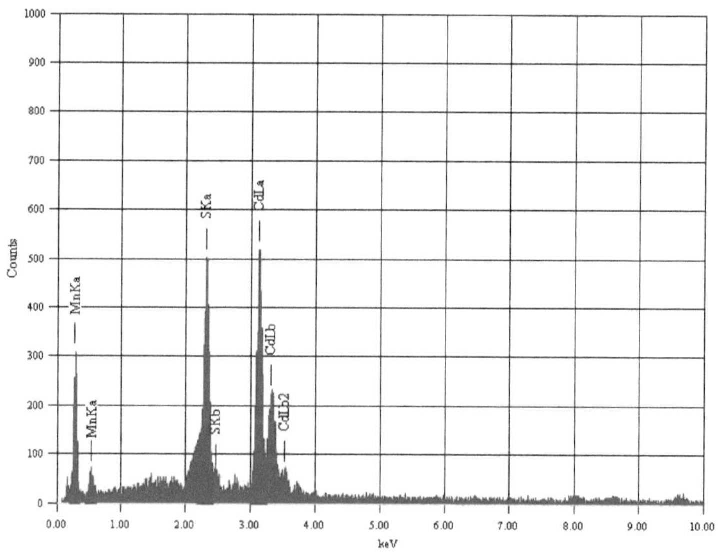

Figura 4.18: Espectro EDAX das nanopartículas de CdS:Mn^{2+} (amostra B2)

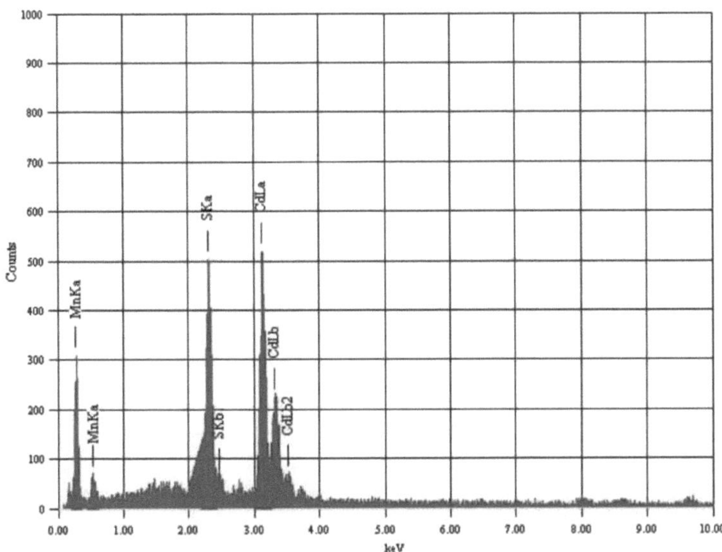

Figura 4.19: Espectro EDAX das nanopartículas de CdS:Mn^{2+} (amostra B3)

Elementos de partida (Em %)			Análise EADX (At%)		
Mn	Cd	S	Cd	S	Mn
0	50	50	47.58	52.42	0
1	49	50	47.02	51.97	1.01
2	48	50	46.38	51.59	2.03
3	47	50	46.12	50.89	2.99

Tabela 4.3: Elementos quantitativos para nanopartículas puras e de CdS:Mn $^{2+}$

A partir das figuras e da tabela acima, é possível compreender facilmente a presença de cádmio, sulfureto e do elemento dopante, uma vez que os elementos Cd, S e Mn devem estar numa relação atómica estequiométrica no padrão EDAX. A partir da tabela, é evidente que o dopante está incluído nas nanopartículas de CdS. À medida que a concentração aumenta, a percentagem de dopante também aumenta de forma correspondente. As percentagens atómicas das espécies químicas encontram-se na Tabela 4.3. O desvio médio das composições estimadas em relação às composições-alvo situa-se entre ±2,5%.

Nesta investigação EDAX, o CdS é dopado com o ião metálico de transição Cu^{2+} em diferentes concentrações, 1 mol%, 2 mol% e 3 mol%, respetivamente. As amostras são designadas por amostra C1, amostra C2 e amostra C3. Estas amostras são recozidas a 100^0 C durante 120 minutos e os espectros EDAX são apresentados na figura (4.20 a 4.22).

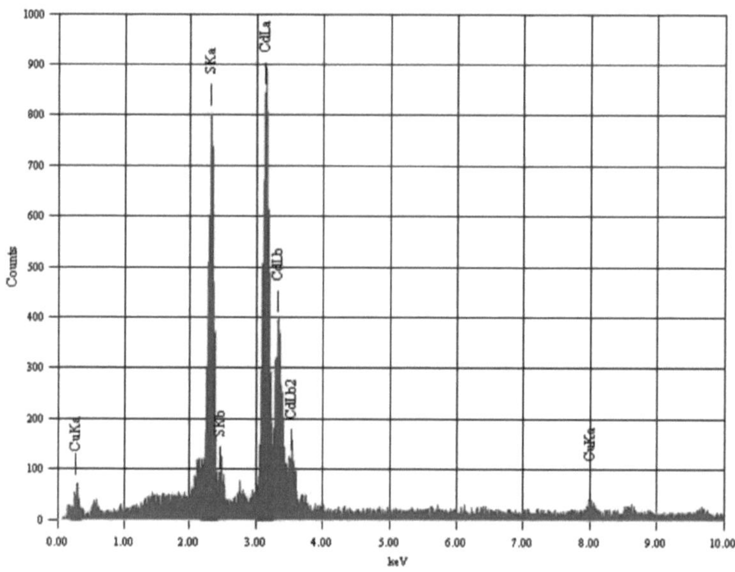

Figura 4.20: Espectro EDAX das nanopartículas de CdS:Cu^{2+} (amostra C1)

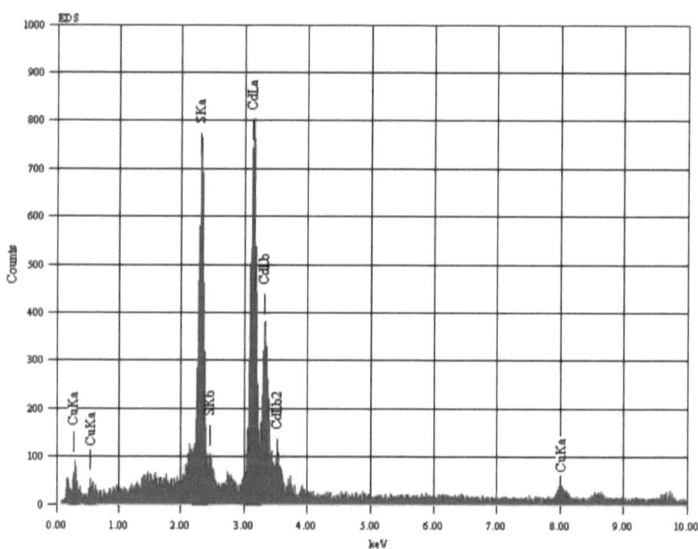

Figura 4.21: Espectro EDAX das nanopartículas de CdS:Cu^{2+} (amostra C2)

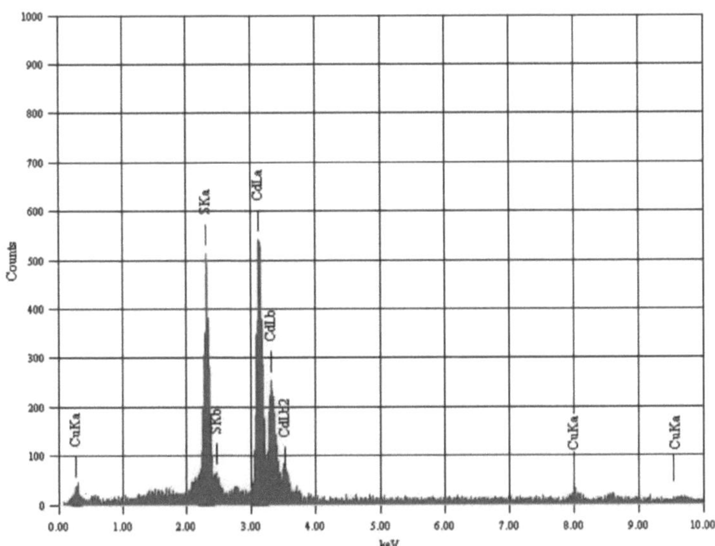

Figura 4.22: Espectro EDAX das nanopartículas de CdS:Cu²⁺ (amostra C3)

Elementos de partida (Em %)			Análise EADX (At%)		
Cu	Cd	S	Cd	S	Cu
0	50	50	47.58	52.42	0
1	49	50	47.28	51.66	1.06
2	48	50	46.92	51.03	2.05
3	47	50	46.33	50.65	3.02

Tabela 4.4: Elementos quantitativos para nanopartículas puras e de CdS:Cu²⁺

A figura (4.20 a 4.22) mostra a imagem de espetroscopia EDAX das nanopartículas de CdS:Cu²⁺ e inclui os elementos Cd, S e Cu que devem estar numa relação atómica estequiométrica. Neste padrão EDAX, todas as amostras mostram a dopagem bem sucedida de cádmio na rede de nanopartículas de CdS. A tabela mostra claramente que, quando a concentração aumenta, a percentagem de dopante também aumenta. A tabela 4.4 apresenta todos os detalhes sobre as percentagens atómicas das espécies químicas encontradas nas amostras. O desvio médio das composições estimadas em relação às composições-alvo situa-se entre ±2,5%.

4.2.3. Espectroscopia de emissão atómica (AES)

A amostra em causa é digerida com HNO3 e analisada com o sistema ICP-AES. O resultado ICP-AES abaixo mostra que a amostra contém 46,82% ppm de partículas de Cd puro e 53,18% ppm de partículas de S. Em todos os resultados da amostra AES, verifica-se que se encontram em relação atómica estequiométrica. As percentagens das espécies químicas encontradas nas amostras de CdS puro e dopado são apresentadas na tabela 4.5- 4.7.

Sl. Não.	amostra	CdS: Zn^{2+}	Cd ppm	S ppm	Zn ppm
1	Puro	**Puro**	46.82	53.18	-
2	A1	**1%**	46.58	52.04	1.02
3	A2	**2%**	46.13	51.79	2.08
4	A3	**3%**	45.89	51.05	3.06

Tabela: 4.5. Análise da composição das amostras por ICP- AES.Cds:Zn^{2+}

Sl. Não.	amostra	CdS:Mn^{2+}	Cd ppm	S ppm	Mn pm
1	Puro	**Puro**	46.82	53.18	-
2	B1	**1%**	46.03	52.93	1.04
3	B2	**2%**	45.91	52.06	2.03
4	B3	**3%**	45.57	51.43	3.00

Tabela: 4.6. Análise da composição das amostras por ICP- AES.Cds:Mn^{2+}

Sl. Não.	amostra	CdS: Cu^{2+}	Cd ppm	S ppm	Cu ppm
1	Puro	Puro	46.82	53.18	-
2	C1	1%	46.02	52.96	1.02
3	C2	2%	45.69	52.26	2.05
4	C3	3%	45.26	51.71	3.03

Tabela: 4.7. Análise da composição das amostras por ICP- AES.Cds:Cu^{2+}

4.3 Estudos espectrais

4.3.1 Estudo espetroscópico UV-Visível de CdS, CdS:Tm (Tm = Zn^{2+} , Mn^{2+} , Cu^{2+})

Nanopartículas

Para estudar o efeito do tamanho quântico dependente do tamanho e a qualidade ótica dos nanocristais de CdS e CdS:Tm (Tm =Zn^{2+} , Mn^{2+} , Cu^{2+}), são efectuados estudos de absorção ótica dispersando ultrassonicamente as amostras em etanol de grau espetroscópico. Os espectros ultravioleta-visível à temperatura ambiente das amostras de CdS puro e de CdS:Tm dopado (Tm =Zn^{2+} , Mn^{2+} , Cu^{2+}) foram registados utilizando o espetrofotómetro CARY-5E no modo de absorção. O espetro de absorção ótica dos nanocristais de CdS puros sintetizados neste trabalho está representado na figura 4.23(a). O espetro mostra o desvio azul caraterístico e este desvio azul pode ser explicado como um efeito de tamanho quântico, devido ao confinamento de electrões e buracos num pequeno volume [14]. A energia do intervalo de banda pode ser calculada a partir da equação

$$E = h\nu, \qquad\qquad (4.1) \qquad\qquad (where, h\nu = hc/\lambda)$$

$$E = hc/\lambda(1.6\times10^{-19}),$$

$$ie, \; E_g = 1240/\lambda \qquad\qquad (4.2)$$

$_g$Quando é permitida a transição direta, como é habitualmente feito por outros investigadores, a energia do intervalo de elasticidade pode ser obtida por extrapolação da parte da linha reta do gráfico (Abs) vs λ. A energia do intervalo de banda foi calculada traçando a energia ótica (Abs) contra λ e é mostrada na figura 4.23(a).

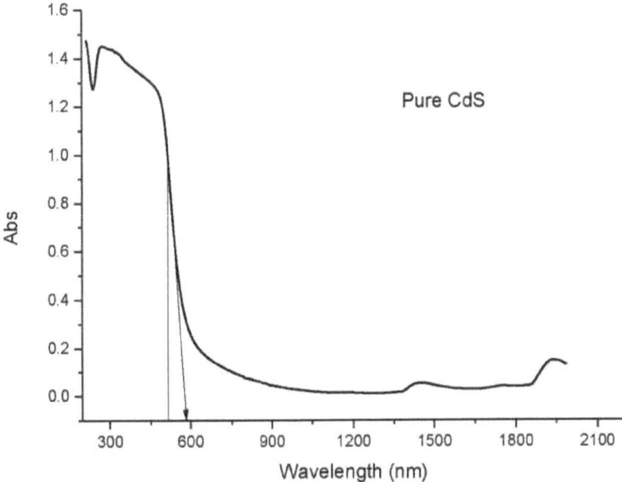

Figura 4.23(a): Espectro de absorção UV-VIS de nanopartículas de CdS puras

Os estudos espectrais das nanopartículas de CdS puro são apresentados na figura 4.23(a). A partir desta figura, observa-se que, na região do infravermelho (IR) e do infravermelho próximo (NIR), o espetro de absorção é baixo. O Cds a granel apresenta um pico a 515 nm na região do visível [17]. No entanto, os espectros da amostra apresentam um pico de absorção na gama de 505 nm. Isto deve-se à natureza nanocristalina da amostra. Este pico é atribuído à transição ótica do primeiro estado excitónico e desloca-se gradualmente para o comprimento de onda inferior (deslocamento azul) à medida que o rácio de iões aumenta. Esta deslocação pode dever-se aos efeitos do tamanho quântico e aprovar a formação de partículas mais pequenas [15, 16]. Consequentemente, a excitação dos electrões da banda de valência para a banda de condução requer uma energia mais elevada, o que resulta no desvio para o azul ou na absorção da luz na região de maior energia ou na região de menor comprimento de onda.

Este desvio para o azul também confirma a natureza nanocristalina das amostras e é causado pelo forte efeito de tamanho quântico nas nanopartículas. O bordo de absorção desloca-se para o lado do comprimento de onda inferior ou para a região azul à medida que a concentração de dopagem aumenta, indicando que a energia efectiva do intervalo de bandas aumenta com a diminuição do tamanho das partículas. Num semicondutor, o aumento do intervalo de banda entre a banda de valência e a banda de condução resulta da diminuição do tamanho das partículas. Verifica-se que o intervalo de bandas do nanosistema de CdS puro no presente estudo é de 2,45 eV e que este valor é superior ao do CdS em massa. O intervalo de banda do CdS em massa é de 2,42 eV [18]. Isto implica que a energia do intervalo de banda do CdS nanocristalino aumenta em 0,03 eV quando comparada com a do CdS em massa [19] e este aumento da energia do intervalo de banda deve-se ao confinamento quântico dos portadores de carga no nanosistema de CdS [20]

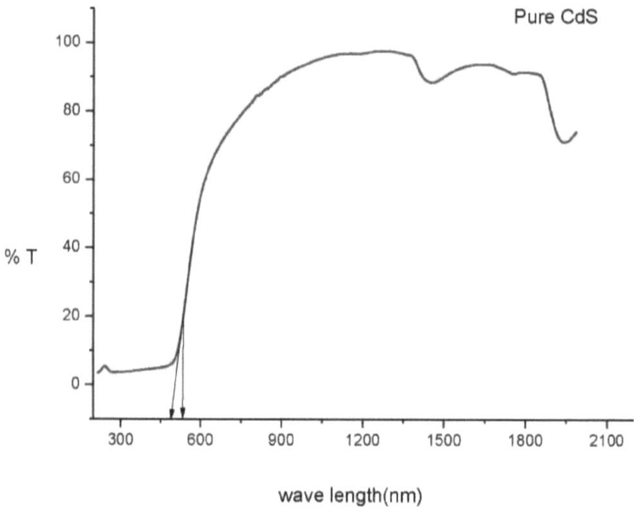

Figura 4.23(b): Espectro de transmissão UV-Vis de nanopartículas de CdS puras

Os espectros de transmitância das nanopartículas de Cds preparadas são apresentados na figura 4.23(a). Estes espectros revelam que as nanopartículas cultivadas sob as mesmas condições paramétricas têm baixa absorvância na região do visível e do infravermelho próximo e são elevadas na região do ultravioleta. Os espectros da amostra apresentam um pico de transmissão na gama de 537 nm. Verifica-se que o intervalo de energia do nanosistema de CdS puro, utilizando a equação acima referida no presente estudo, é de 2,30 eV e que este valor é inferior ao do CdS a granel. Isto implica que a energia do "band gap" do CdS nanocristalino diminui 0,12 eV quando comparada com a do CdS a granel [19]. Aqui pode observar-se que o intervalo de banda do cristal diminui de 2,45ev para 2,30 ev quando comparado com o modo de absorção e transmitância. Esta variação do intervalo de banda pode ser útil para conceber um material de janela adequado para o fabrico de células solares [21].

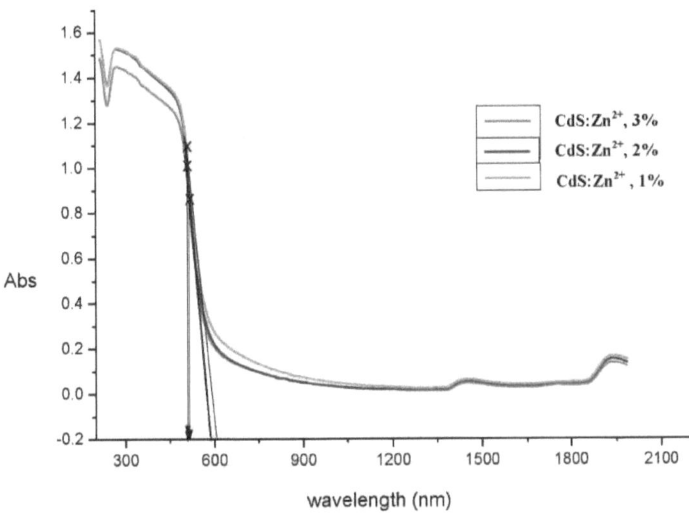

Figura 4.24 (a): Espectro UV-VIS das nanopartículas de CdS:Zn $^{2+}$

A Figura 4.24 (a) mostra o espetro de sobreposição de CdS: Zn^{2+} (1 mol %, 2 mol % e 3 mol %). O pico de absorção a 508 nm é deslocado para azul em comparação com o CdS a granel, para o qual o pico de absorção se situa a 515 nm [17]. A energia de hiato de banda das amostras dopadas é calculada traçando o gráfico de (abs) contra λ e é mostrada na figura 4.24(a) e os valores de energia de hiato de banda obtidos são dados na tabela 4.8.

Amostra	Tamanho das partículas (nm)	(Eg) Intervalo de banda $^{(eV)}$
Cds (puros)	16.65	2.45
CdS:$_{Zn2+}$(1 mol %)	14.49	2.44
CdS:$_{Zn2}^{+}$ (2 mol %)	11.82	2.42
CdS:Zn^{2+} (3 mol %)	10.28	2.40

Tabela 4.8: Valores de energia do intervalo de bandas das nanopartículas de CdS: Zn $^{2+}$ nanopartículas

É evidente, a partir dos valores das energias de intervalo de banda para diferentes rácios de CdS: Zn^{2+} , os valores da energia do intervalo de bandas diminuem à medida que a concentração de Zn aumenta. Isto pode dever-se à menor energia de banda do composto ZnS, ou seja, a energia de banda do ZnS é igual a 3,6eV [22]. Os espectros de absorção exibem um ombro em torno de 515 nm (2,42 eV), resultante do efeito de confinamento quântico das nanopartículas de CdS dopadas com Zn^{2+} . Este facto sugere uma pequena deslocação azul de 0,03 eV da banda de absorção em relação à banda de 505 nm (2,45 eV) dos cristais de

CdS à temperatura ambiente [23, 24]. Assim, o intervalo de banda das nanopartículas de CdS dopadas com Zn^{2+} foi aumentado. Uma vez que o tamanho do cristalito das nanopartículas de CdS dopadas com Zn^{2+} é menor do que o raio de Bohr de um excitão no cristal de CdS a granel, espera-se que ocorra um efeito de confinamento quântico dentro destes nanocristais, exibindo um aumento do intervalo de banda ótica. O ajuste da concentração de reagentes foi feito para variar a taxa de crescimento num determinado instante de tempo. É evidente que o tamanho das partículas diminui com o aumento do rácio $Cds:Zn^{2+}$.

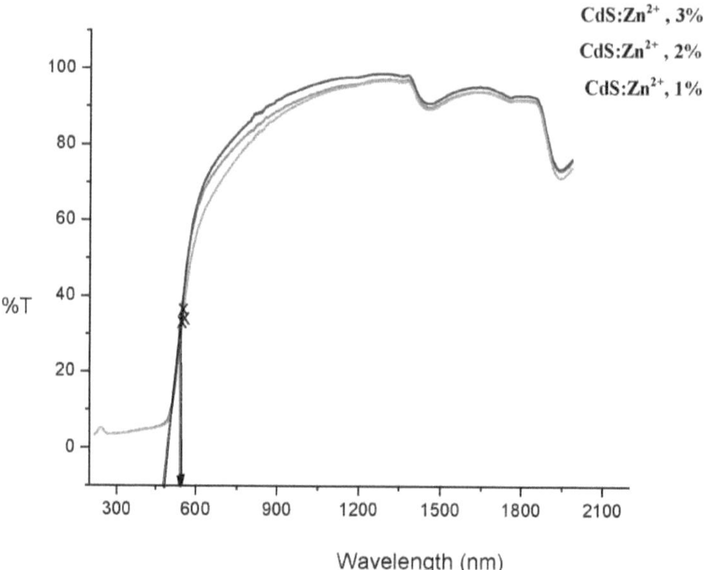

Figura 4.24(b): Espectro de transmitância UV-Vis das nanopartículas de CdS: Zn^{2+} nanopartículas

A Figura 4.24 (b) mostra o espetro de transmissão sobreposto de CdS: Zn^{2+} (1 mol %, 2 mol % e 3mol %). Os espectros de transmissão dos cristais de CdS na gama de comprimentos de onda (300 - 2100 nm) são apresentados na Figura. Todos os cristais demonstraram uma transmitância superior a 65% em comprimentos de onda superiores a 500 nm, o que é comparável aos valores dos cristais de CdS depositados pelo método solvotérmico. Abaixo de 500 nm, registou-se uma queda acentuada na % T dos cristais, o que se deveu à forte absorção dos cristais nesta região. Observou-se que a % T global diminui com o teor de Zn.

A energia do intervalo de bandas das amostras dopadas é calculada traçando o gráfico de (% T) contra λ e é mostrada na figura 4.24(b) e os valores de energia do intervalo de bandas obtidos são apresentados na tabela 4.9. É evidente, a partir dos valores das energias de banda para diferentes rácios de $CdS:Zn^{2+}$, que os valores de energia de banda aumentam à medida que a concentração de Zn aumenta.

Amostra	Tamanho das partículas (nm)	(Eg) Intervalo de banda (eV)

Cds (puros)	16.65	2.30
CdS:Zn^{2+} (1 mol %)	14.49	2.23
CdS:Zn^{2+} (2 mol %)	11.82	2.25
CdS:Zn^{2+} (3 mol %)	10.28	2.27

Tabela 4.9: Valores de energia de intervalo de banda das nanopartículas de CdS: Zn^{2+} nanopartículas

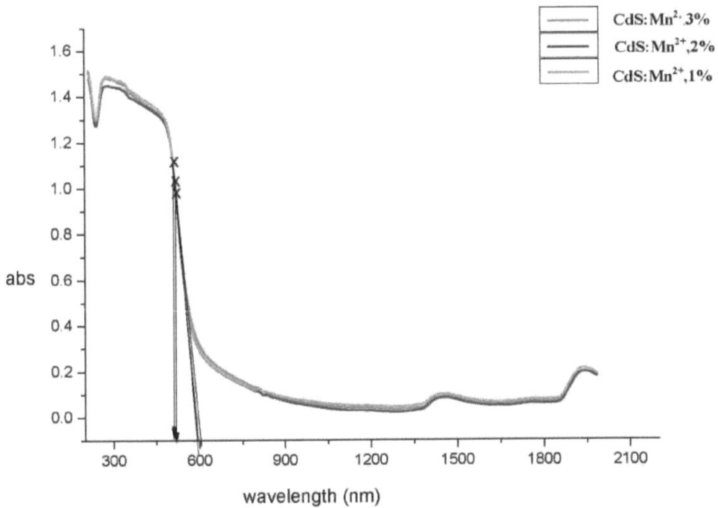

Figura 4.25 (a): Espectro UV-VIS de nanopartículas de CdS:Mn $^{2+}$

Os espectros de absorção das nanopartículas de CdS dopadas com diferentes concentrações de Mn sintetizadas pelo método de irradiação por micro-ondas são apresentados na figura 4.24. Comparando os espectros de absorção UV-Visível para as nanopartículas de CdS sem e com dopagem de Mn a várias concentrações, observamos o seguinte. A presença do bordo de absorção a ~490 nm é atribuída ao bordo da banda de absorção caraterística das nanopartículas de CdS, que é deslocado para azul em relação ao correspondente CdS a granel. Adicionalmente, observa-se um forte pico em torno de 300 nm, o que indica a presença de nanoclusters de CdS de pequenas dimensões [25]. A presença de iões magnéticos localizados em ligas semicondutoras leva a interacções de troca entre os electrões da banda s-p do CdS e os electrões do Mn^{2+} e desempenha um duplo papel na determinação das propriedades ópticas (i) O intervalo de banda do composto é alterado em função da concentração de iões Mn. (ii) Os níveis 3d dos iões Mn^{2+} estão localizados na região do intervalo de banda e a transição d-d domina o espetro.

Os espectros de absorção do CdS dopado com Mn têm características semelhantes às do CdS nanocristalino puro, mas ligeiramente deslocados para o vermelho, indicando o efeito de confinamento quântico. Ao aumentar o teor de Mn, observou-se uma ligeira deslocação progressiva para o vermelho de cerca de 0,1 eV. Verifica-se que a deslocação para o vermelho do limiar de absorção é quase consistente com a variação esperada do intervalo de banda para a fase em massa na mesma composição de Mn (de x = 0 a 0,3). O desvio para o vermelho do Mn^{2+} mostra as variações do intervalo de banda ótica e é apresentado no quadro 4.9

Observa-se um ombro de absorção a 470 nm na amostra (a), a 485 nm na amostra (b) e a 495 nm na amostra (c) para nanopartículas de CdS sintetizadas por forno micro-ondas com a concentração de 1mol%, 2mol% e 3mol% de Mn^{2+} , respetivamente. Observa-se que o bordo de absorção das nanopartículas acima referidas se desloca para comprimentos de onda mais longos com uma energia decrescente de 2,45 eV para 2,38 eV. Esta pequena alteração no intervalo de banda sugere que existe uma transferência direta de energia entre os estados excitados do semicondutor e os níveis 3d dos iões Mn^{2+} , que são acoplados por processos de transferência de energia[26].

Observa-se que os valores da energia do intervalo de bandas para diferentes rácios de Mn^{2+} dopado em nanopartículas de CdS diminuem à medida que a concentração do dopante Mn aumenta. Isto pode dever-se ao facto de a energia do intervalo de banda do composto MnS ser mais baixa, ou seja, a energia do intervalo de banda do MnS é igual a 3,02 eV [27].

amostra	Tamanho das partículas (nm)	(Eg) Intervalo de banda (eV)
Cds (puros)	16.65	2.45
CdS:Mn^{2+} (1 mol %)	14.93	2.43
CdS:Mn^{2+} (2 mol %)	14.06	2.40
CdS:Mn^{2+} (3 mol %)	12.12	2.38

Tabela 4.10: Valores de energia de intervalo de banda das nanopartículas de CdS: Mn^{2+} nanopartículas

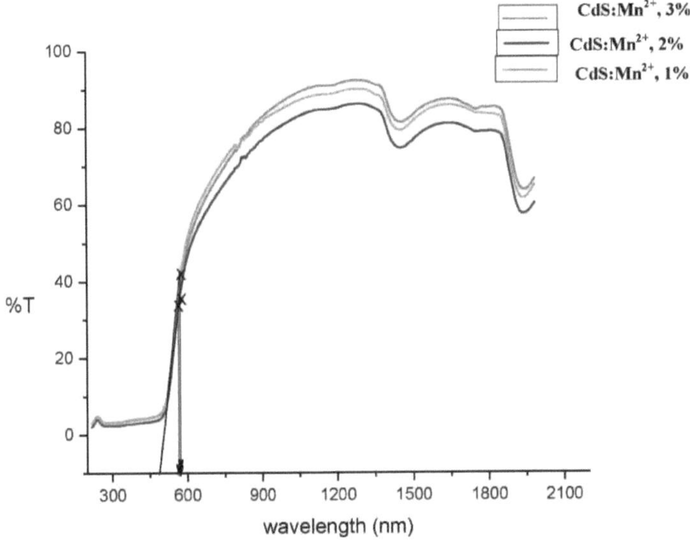

Figura 4.25(b): Espectro de transmitância UV-VIS das nanopartículas de CdS: Mn^{2+} nanopartículas

O espetro de trasmitância da amostra dopada com Mn^{2+} é apresentado na figura 4.25(b).

A partir do gráfico, as energias do intervalo de bandas são calculadas e são apresentadas na tabela 4.11. É evidente, a partir dos valores das energias de banda para diferentes rácios de CdS:Mn^{2+} , que os valores de energia de banda aumentam à medida que a concentração de Mn aumenta.

Amostra	Tamanho das partículas (nm)	(Eg) Intervalo de banda (eV)
Cds (puros)	16.65	2.30
CdS:Mn^{2+} (1 mol %)	14.93	2.15
CdS:Mn^{2+} (2 mol %)	14.06	2.17
CdS:Mn^{2+} (3 mol %)	12.12	2.18

Tabela 4.11: Valores de energia de intervalo de banda das nanopartículas de CdS:Mn $^{2+}$

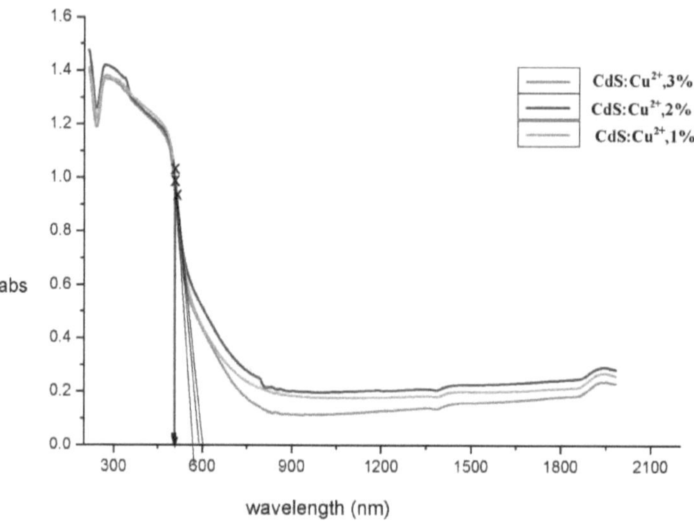

Figura 4.26(a): Espectro de absorvância UV-Vis das nanopartículas de CdS: Cu^{2+} nanopartículas

A figura 4.26(a) mostra que os espectros de sobreposição de CdS: Cu^{2+} em três rácios diferentes. Estes três rácios diferentes são obtidos na figura que mostra os valores da energia do intervalo de bandas do CdS dopado com Cu^{2+} e os valores são dados na tabela 4.12. Verifica-se na tabela 4.12 que os valores das energias de intervalo de bandas para diferentes rácios de Cu^{2+} em CdS diminuem à medida que a concentração de Cu aumenta. Isto pode dever-se à baixa energia de banda do composto CuS, ou seja, a energia de banda do CuS é igual a 1,21eV [28].

amostra	Tamanho das partículas (nm)	(Eg) Intervalo de banda (eV)
Cds (puros)	16.65	2.45
CdS:Cu^{2+} (1 mol %)	15.85	2.47
CdS:Cu^{2+} (2 mol %)	13.31	2.45
CdS:Cu^{2+} (3 mol %)	12.78	2.43

Tabela 4.12: Valores de energia de intervalo de banda das nanopartículas de CdS:Cu^{2+}

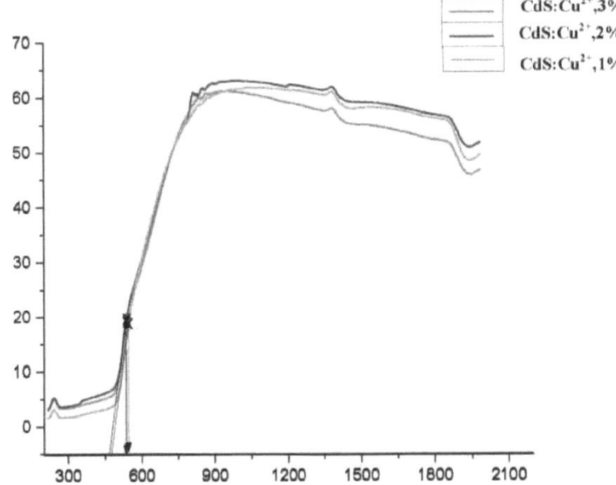

Figura 4.26(b): Espectro de transmitância UV-Vis das nanopartículas de CdS: Cu^{2+} nanopartículas

O espetro de transmissão sobreposto de CdS:Cu^{2+} (1 mol %, 2 mol % e 3 mol %) é apresentado na figura 4.26 (b). A figura inserida mostra a vista ampliada da figura 4.26 (b). Nesta figura, os espectros de transmissão para os cristais de CdS estão na gama de comprimentos de onda (300 - 2100 nm). Todos os cristais têm mais de 65% de transmitância em comprimentos de onda superiores a 500 nm, o que é comparável com os valores dos cristais de CdS depositados pelo método solvotérmico. Devido à forte absorção dos cristais, registou-se uma queda acentuada na T dos cristais abaixo dos 500 nm. Neste caso, observa-se que, com o teor de Cu^{2+} , a % T global diminui. Com o aumento da concentração de dopagem, a energia do intervalo de banda também aumenta.

Na figura 4.26(b), ao traçar o gráfico de (% T) contra λ, a energia do intervalo de bandas das amostras dopadas pode ser calculada e os valores de energia do intervalo de bandas obtidos são apresentados na tabela 4.13. É evidente, a partir dos valores das energias de banda para diferentes rácios de CdS:Cu^{2+} , que os valores de energia de banda aumentam à medida que a concentração de Cu aumenta.

Amostra	Tamanho das partículas (nm)	(Eg) Intervalo de banda (eV)
Cds (puros)	16.65	2.30
CdS:Cu^{2+} (1 mol %)	15.85	2.27
CdS:Cu^{2+} (2 mol %)	13.31	2.29
CdS:Cu^{2+} (3 mol %)	12.78	2.32

Tabela 4.13: Valores de energia de intervalo de banda das nanopartículas de CdS:Cu $^{2+}$

4.3.2 Estudos espectroscópicos FT-IR de nanopartículas de CdS e CdS: Tm (Tm = Zn, Mn, Cu) e nanopartículas de CdS

A pureza da fase e a presença de grupos funcionais das nanopartículas de CdS:Tm (Tm = Zn^{2+} , Mn^{2+} , Cu^{2+}) e de CdS:Tm puras preparadas, sintetizadas pelo presente método solvotérmico, são analisadas por espetroscopia FT-IR. Os espectros de infravermelhos das amostras foram registados na gama de 400-4000 cm^{-1} num espetrómetro de infravermelhos com transformada de Fourier (FT-IR) Thermo-Nicolet Avatar 370. As amostras em pó são finamente dispersas em KBr utilizando um almofariz de ágata e bem trituradas. Os materiais finamente dispersos são depois prensados sob a forma de discos circulares com cerca de 10 mm de diâmetro e 0,5 mm de espessura a uma pressão de 250 MPa. Estas pastilhas são depois secas com luz infravermelha antes de se registar o espetro FT-IR.

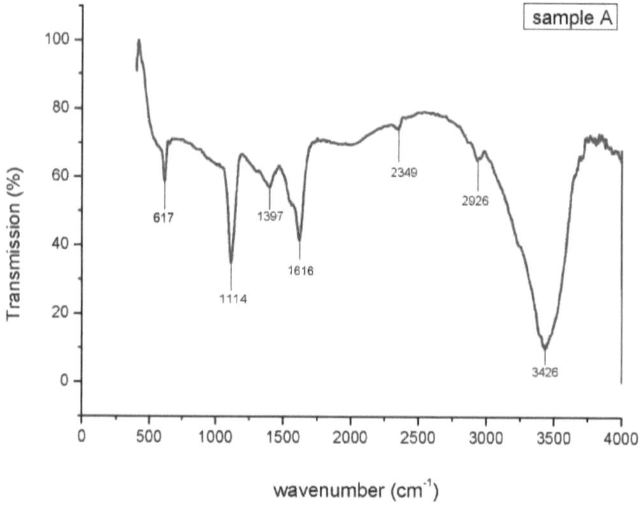

Figura 4.27: Espectro FT-IR para nanopartículas de CdS puro

O espetro FTIR do CdS puro é apresentado na figura 4.27 e a atribuição das bandas é dada na tabela 4.14. Na região de maior energia, o pico a 3426 cm^{-1} é atribuído ao estiramento O-H da água absorvida na superfície do CdS [29]. A presença de água é confirmada por uma vibração de flexão muito fraca a 1616 cm^{-1} , estiramento C-C [30]. As partículas de CdS apresentaram duas bandas de estiramento, assimétricas e simétricas, o pico a cerca de 2926 cm^{-1} está associado ao estiramento C-H. Uma banda média forte posicionada na gama de 1397 cm^{-1} , possivelmente devido a vibrações de estiramento do grupo sulfato, mostra a presença de tioacatamida[31] . O pico a 1114 cm^{-1} é atribuído à vibração de estiramento C-O do etilenoglicol. Existe uma banda de absorção média a 617 cm^{-1} que foi atribuída à flexão de C-H [32].

Sl. Não	Número de onda cm^{-1}	Atribuição de banda
1	3426	Alongamento O-H

2	2926	Alongamento C-H
3	2349	CH$_3$ Alongamento
4	1616	Alongamento C-C
5	1397	S=O Grupo dos sulfatos
6	1114	Alongamento C-O
7	617	Dobragem C-H

Tabela 4.14: Atribuições vibracionais de nanopartículas de CdS puro

Os espectros FT-IR do CdS preparado dopado com Zn^{2+}, Mn^{2+}, Cu^{2+} para concentrações de 1 mol%, 2mol% e 3 mol% são mostrados nas figuras 4.28-4.36 e as atribuições vibracionais obtidas nos espectros são dadas na tabela 4.15. Existe apenas uma pequena variação nos números de onda das diferentes bandas.

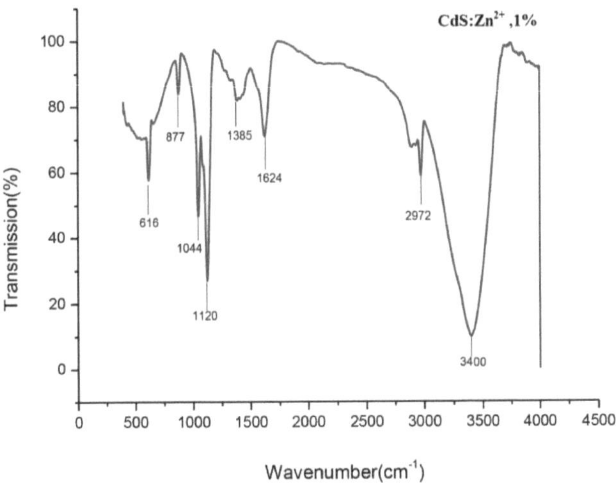

Figure 4.28: Espectro FT-IR para nanopartículas de CdS:Zn^{2+} (1 mol %)

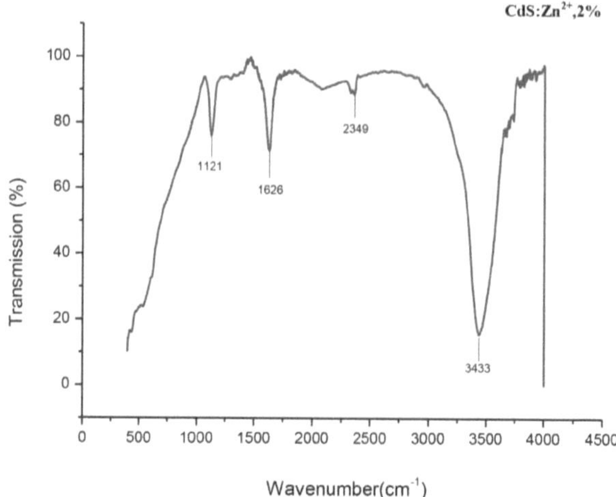

Figure 4.29: Espectro FT-IR para nanopartículas de CdS:Zn²⁺ (2 mol %)

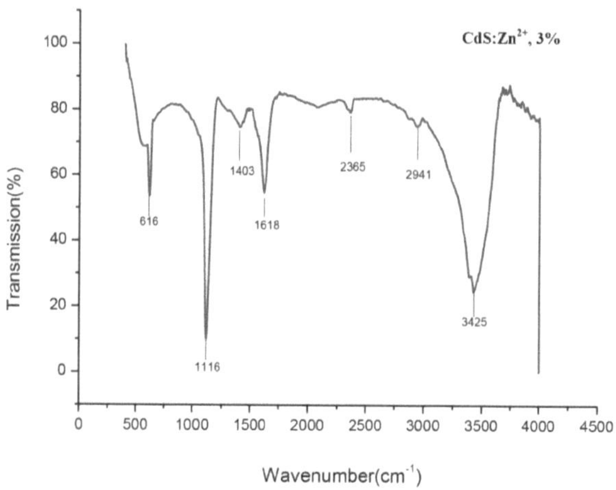

Figure 4.30: Espectro FT-IR para nanopartículas de CdS:Zn²⁺ (3 mol %)

Sl. Não	Número de onda Cm⁻¹ para				Atribuição de banda
	Puro	1mol%	2mol%	3mol%	
1	3426	3400	3433	3425	Alongamento O-H
2	2926	2972	-	2941	Alongamento C-H
3	2349	-	2349	2365	CH₃ Alongamento

94

4	1616	1624	1626	1618	Alongamento C-C
5	1397	1385	-	1403	S=O Grupo dos sulfatos
6	1114	1120	1121	1116	Alongamento C-O
7	616	616	-	616	SO_4^- Alongamento

Tabela 4.15: Atribuições Vibracionais de CdSnanopartículas puras e dopadas

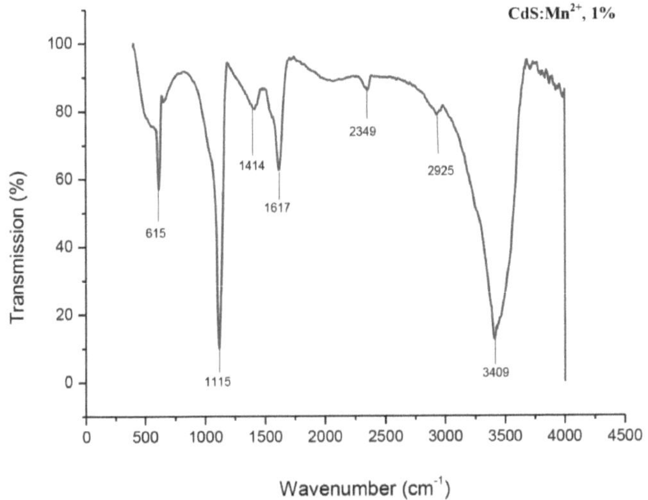

Figura 4.31: Espectro FT-IR para nanopartículas de CdS:Mn^{2+} (1 mol %)

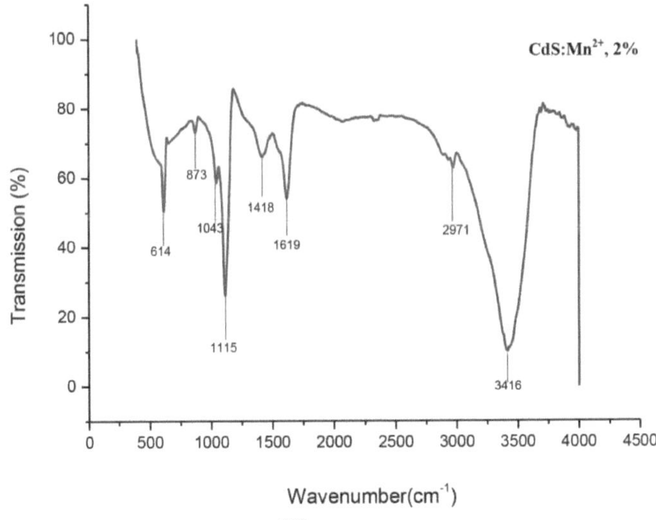

Figura 4.32: Espectro FT-IR para nanopartículas de CdS:Mn²⁺ (2 mol %)

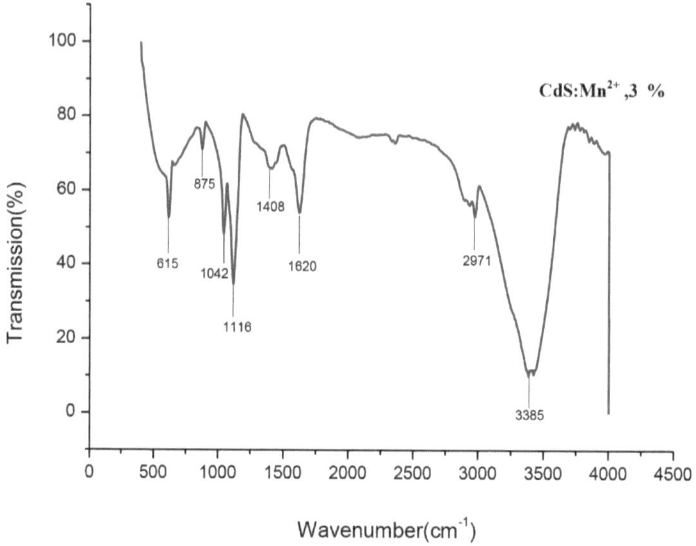

Figura 4.33: Espectro FT-IR para nanopartículas de CdS:Mn²⁺ (3 mol %)

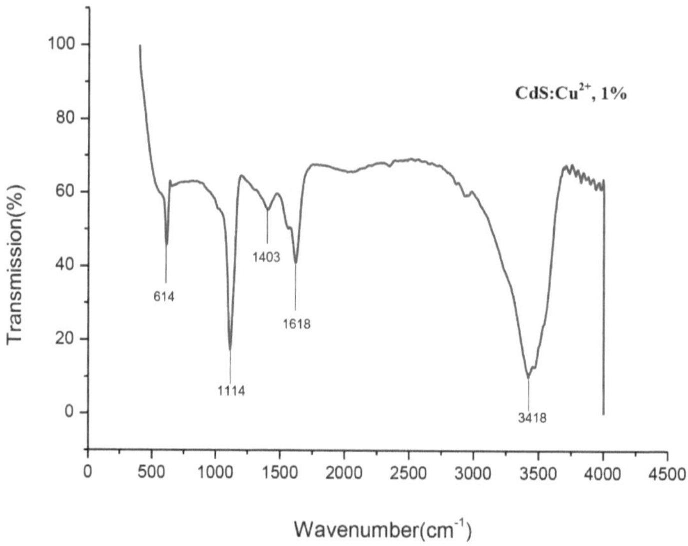

Figura 4.34: Espectro FT-IR para nanopartículas de CdS:Cu²⁺ (1 mol %)

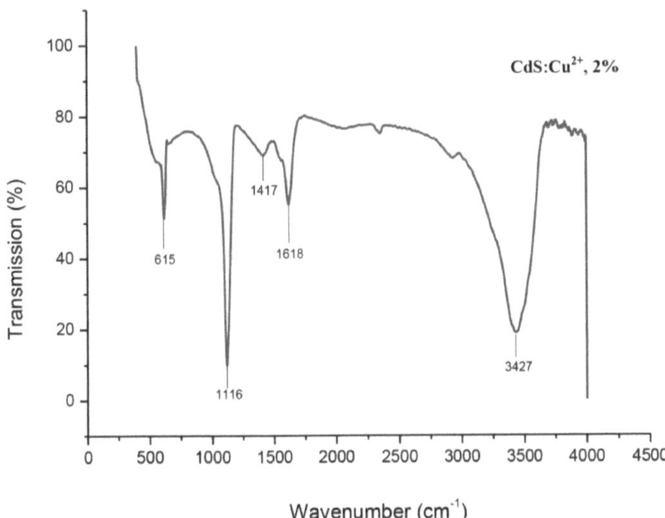

Figure 4.35:   Espectro FT-IR para nanopartículas de CdS:Cu^{2+} (2 mol %)

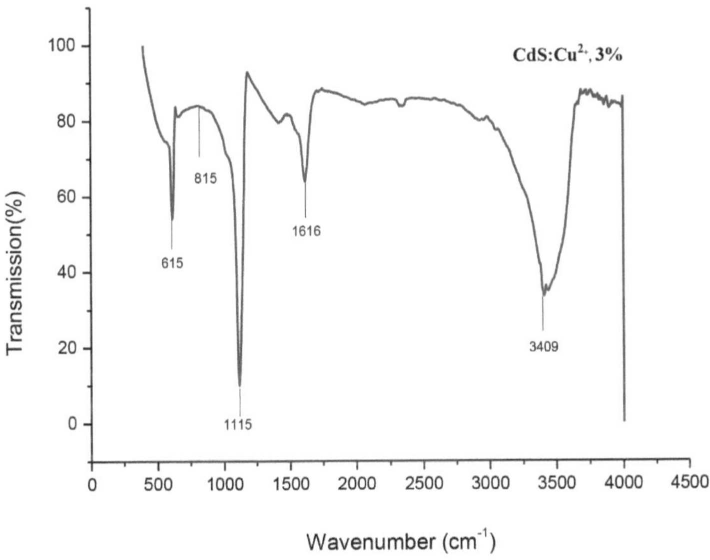

Figure 4.36:   Espectro FT-IR para nanopartículas de CdS:Cu^{2+} (3 mol %)

Referência

[1]   S.Shionoya, S.William, Phosphor Handbook, CRC Press, Boca Raton, FL (1998).

[2]   F. Dilnawaz, G.Abhalaxmi Singh, M. Chandana Mohanty, K.Sanjeeb Sahoo, Biomaterials, vol.31

(2010) 3694.

[3]   M. Wilson, K. Kannangara, G. Smith, M. Simmobns, B. Raguse, Nanotechnology- basic science and emerging technologies, Overseas Press India Private Ltd, New Delhi (2005).

[4]   J. Pardeike, A. Hommoss, R.H. Müller, Int. J. Pharmaceutics, vol.**366** (2009) 170.

[5]   T. Masui, H. Hirai, N. Imanaka, *J. Materials Science Lett.,* **21** (2002) 489.

[6]   P. Balaz, E. Boldizarova, E. Godocikova, J. Briancin, Mates. Let., vol.**57** (2003) 1585-1589.

[7]   P. Venugopal, K. Ravichandran, Adv. Mat. Lett., vol.**4(1)** (2013) 200-206.M.

5.   M. Thambidurai, N. Muthukumarasamy, S. Agilan, N. Murugan, N. Sabari Arul, Vasantha, R. Balasundaraprabhu, Solid state scin., vol.**12** (2010) 1554-1559.

[8]   B. Ramnath, B. Rajeev Kumar, K. Veeragopal Beddy, T. Subbayler, chl. Let., vol. **8** (2011), 177-185.

[9]   M. De la,L. Olvera, A. Madonado, R. Asomoza, Konagai, M. Asomoza(1998).

[10]   K. Kamata, S. Matsumoto, P. Souleite, B. W Wessels (1988).

[11]   S. G Pawar, M. A. Chougule, P.R Godse, D. M. Jundale, S. A. Pawar, B. T. Raut, V. B. Patil, j. nano. Ele. Phy. 3(2011) 185-192.

[12]   S.M. Mahdavi, A. Irajizad, A. Azarian, R.M. Tilaki, Science Iranica, vol **15** (2008) 360-365.

[13]   D. D. Papakonstantinou, J. Huang, P. Lianos, J. Mater. Sci. Lett., vol.**17** (1998), 1571.

[14]   C.B. Murray, D. J. Norris, M. G. Bawendi, J. Am. Chem. Soc., vol.115 (1993), 8706.

[15]   W.Wang, I. Germanenko, M. S. El Shall, Chem. Mater., vol.**14** (2003), 3028.

[16]   W. Xu, Y. Wang, R. Xu, S. Liang, G. Zung, D. Yin, J. Matter. Sci., vol.**42** (2007), 6942.

[17]   P. H. Borse, N. Deshmukh, R. F. Shinde, S. K. Date, S. K. Kulkarni, J. Mater. Sci., vol.**34** (1999) 6087.

[18]   S. Liu, H. Zhang, M.T. Swihart, Nanotechnology, vol.**20** (2009) 235603.

[19]   X. W. Zhao, S. Komuro, S. Fujita, H. Isshiki, Y. Aoyagi, T. Sugano, Mat. Sci.Eng., B vol.**51**(1998), 154.

[20]   M. Kamruzzaman, T. R. Luna, J. Podder , Innvat. Sys. Des. Engg., vol.**2a**, no 5, (2011).

[21]   S.N. Agbe, F.I. Ezema, Pacific Journal of Science and Technology, vol.**8** (2007),*1.

[22]   R.N. Bhargava, D. Gallagher, T. Welker, J. Lumin., vol.**60** (1994), 275.

[23]   R.N. Bhargava, D. Gallagher, X. Hong, A. Nurmikko, Phys. Rev. Lett., vol.**72** (1994) 416.

[24]   G.S. Harish, A. Divya, K. Siva Kumar e P. Sreedhara Reddy Res. J. Physical Sci ISSN 2320-4796 Vol. 1(7), 7-10, agosto (2013).

[25]   S.M. Agbel, F.I. Elzema, *Pacific Journal of Science and Technology*, **8** (2007)1.

[26]   D. O. Papakonstantinou, G. Huang, P. Lianos, *J. Mater. Sci. Lett.* **17** (1998) 1571.

[27]   R.S. Mane, C.D. Lokhande, Mater.Chem. Phys., vol.**78** (2003), 15.

[28]   C. Yohannan Panikcker, Hema Tresa Varghese, Daizy Philip, spct. Ata . Mol. Bio mol. Specpy, vol.**65** (2006), 802-805.

[29]   B. Sreenivasa Rao, B. Rajesh Kumar, V. Rajagopal Reddy, T. Subba Rao, chl.Let., vol. **8** (2011), 177-185.

[30]   A.Aneeqa Sabha, Saadat Anwar Siddiqi, Salamat Ali, Wld. Acdmy. of Scin.Engg and Tech, vol.**45**, 2010.

[31]   P. Venkatesu, K. Ravichandran, Adv. Mat. Lett., vol.**4(3)**(2013), 202-206.

CAPÍTULO 5

estudos térmicos de nano partículas de cds puras e dopadas

5.1 Introdução

Os estudos térmicos em semicondutores são utilizados para estabelecer as propriedades termodinâmicas que são essenciais para compreender o comportamento do material sob diferentes taxas de aquecimento e arrefecimento, sob atmosfera inerte, de redução ou de oxidação ou sob diferentes pressões de gás. A análise térmica compreende um grupo de técnicas em que uma propriedade física de uma substância é medida num programa de temperatura controlada. Neste capítulo são abordados apenas dois métodos: a análise termogravimétrica (TGA) e a calorimetria diferencial de varrimento (DSC). Os estudos térmicos das nanopartículas semicondutoras de CdS e CdS:Tm (Zn,Mn,CU) sintetizadas pelo presente método solvotérmico são estudados e os resultados dos estudos são apresentados neste capítulo.

5.2 Análise térmica de nanopartículas de CdS puras e dopadas

A análise termogravimétrica (TGA) é utilizada para estudar a decomposição térmica de nanopartículas de CdS puro e CdS:Tm (Zn^{2+}, Mn^{2+}, Cu^{2+}) dopadas com CdS. Os espécimes sintetizados foram aquecidos desde a temperatura ambiente até $717,5^{0C}$ com um incremento de 100^0 C /min no ar, utilizando um sistema térmico simultâneo (Shimadzu, DTG-60). A análise TGA do CdS puro é apresentada na figura 5.1. A perda de peso é medida utilizando o método TGA e, na figura, o fluxo de calor é indicado como endo down.

Na presente investigação, a TGA mostra que a amostra é termicamente estável com um ligeiro pico endotérmico em torno de 50^0 C e outros dois em 80^0 C e 93^0 C. Uma perda de peso muito pequena abaixo de 100^0 C pode ser geralmente atribuída à evaporação da água absorvida na superfície do material. Devido a esta evaporação, ocorre uma perda de peso muito pequena no material. Por conseguinte, a amostra é termicamente estável até 100^0 C. A 200^0 C, observa-se um pico exotérmico devido à evaporação de componentes orgânicos na superfície do material. Assim, observa-se uma perda de peso de 1% entre 100^0 C e 200^0 C. Segue-se uma grande perda de peso de cerca de 45% entre 200^0 C e 570^0 C e é atribuída à decomposição de componentes orgânicos ligados covalentemente, particularmente etilenoglicol na superfície [1,2].

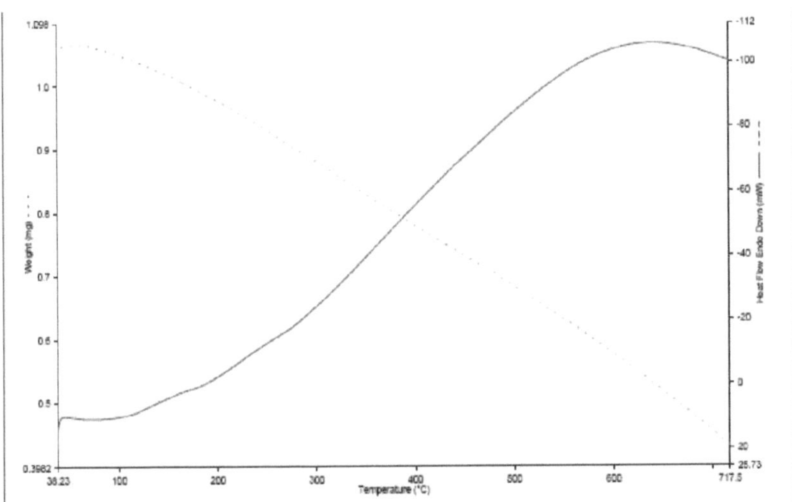

Figura 5.1: Curva TGA das nanopartículas de CdS

A curva DSC das nanopartículas de CdS puras foi também estudada de 30^0 C a 300^0 C utilizando o SAIFDS141206A-02 em passos de 10^0 C min^{-1} . Inicialmente, foram utilizados 6,58 mg para o estudo acima referido. A Figura 5.2 mostra a curva DSC das nanopartículas de CdS puras. Observa-se no gráfico que existe um pico a 48^0 C, o que confirma a nossa observação anterior em TGA.

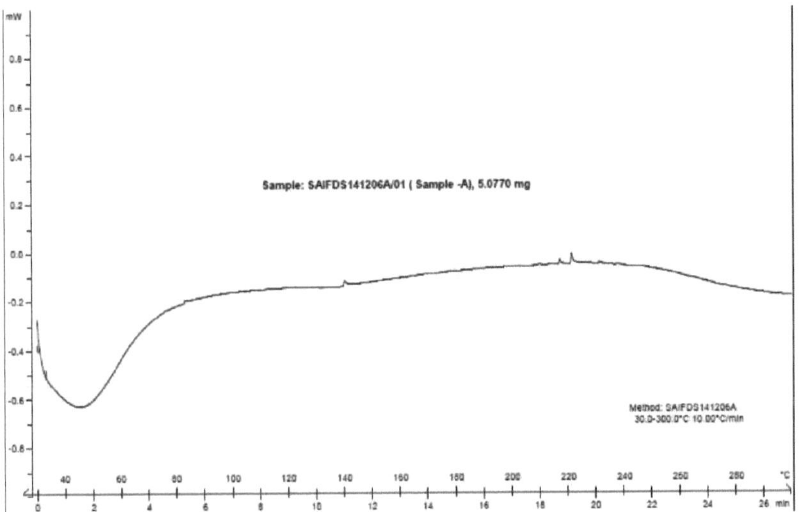

Figura 5.2: Curva DSC das nanopartículas de Cds puro

A análise TGA da amostra dopada com 1mol% de Cds: Zn^{2+} , é mostrada na figura 5.3. O traço da análise termogravimétrica (TGA) é mostrado de $36,34^0$ C a $834,1^0$ C e nesta curva TGA, por volta de 100^0 C, está presente uma curva endotérmica. Esta curva representa a presença de moléculas de água na superfície do

101

material e é evaporada a essa temperatura. Foi observado um outro pico exotérmico a 460^0 C, que pode ser geralmente atribuído à evaporação de componentes orgânicos na superfície do material. A curva TGA também apresenta 35% de perda de peso nas nanopartículas de CdS dopadas. Está claramente provado que, quando a concentração do dopante aumentou, a estabilidade térmica das nanopartículas também melhorou significativamente, tal como a concentração de dopante de CdS puro na TGA. Isto pode estar relacionado com a combinação de nanocristais de CdS nos compostos orgânicos, o que produziu uma força de ligação mais forte devido à interação entre as nanopartículas de CdS e os electrões do par solitário do átomo de N na espinha dorsal orgânica [5, 6]. Segue-se uma grande perda de peso a cerca de 750^0 C (5,301 mg para 4,525 mg, ou seja, cerca de 0,776 mg), com um pico endotérmico que se deve à decomposição dos compostos orgânicos ligados covalentemente, em especial as moléculas de enxofre na superfície.

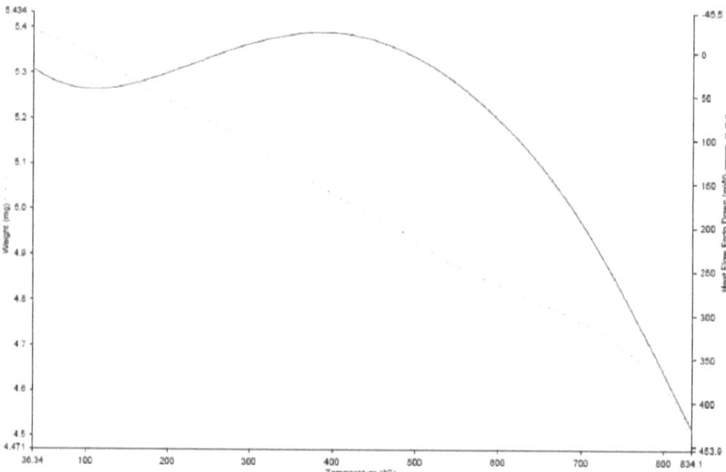

Figura 5.3 : Curva TGA das nanopartículas de Cds:Zn^{2+} (1 mol %)

A curva DSC (figura 5.4) também mostra claramente três picos a 51,95^0 C, 80,45^0 C e 93,60^0 C. Todos estes picos inferiores atribuem a mudança de fase da natureza amorfa para a natureza cristalina da nanopartícula dopada com Zn^{2+} e o pico a 93,60^0 C pode ser atribuído à perda da molécula de água presente na superfície do material. Também apresenta um pico em torno de 240^0 C e a análise é observada apenas até 300^0 C.

A análise TGA das nanopartículas de CdS dopadas com Zn^{2+} para 2mol% e 3mol% é apresentada nas figuras 5.5 e 5.6, respetivamente. As curvas de análise DSC são apresentadas nas figuras 5.7 e 5.8, respetivamente.

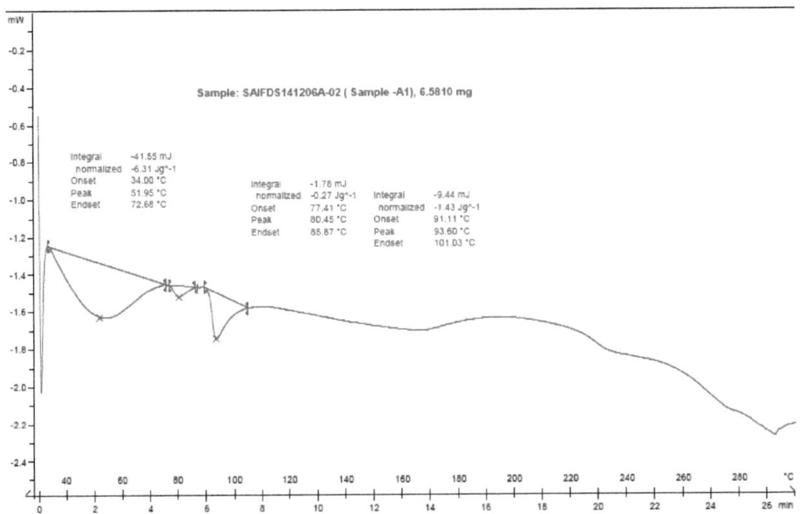

Figura 5.4: Curva DSC das nanopartículas de Cds:Zn^{2+} (1 mol %)

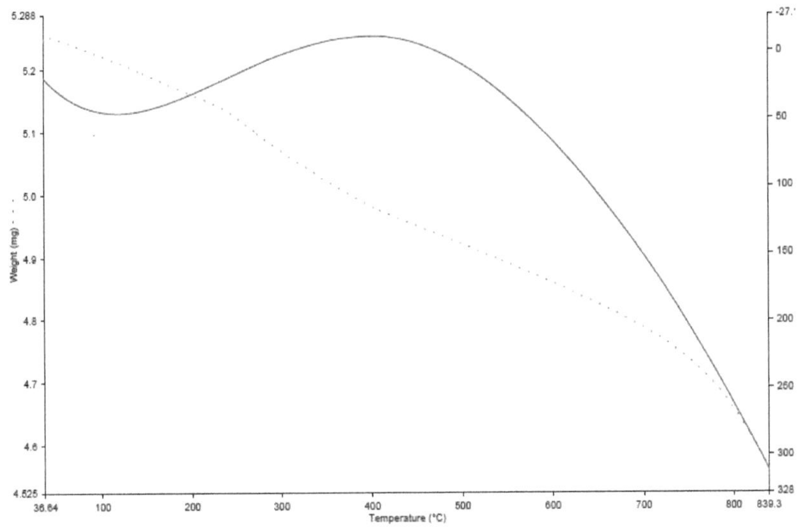

Figura 5.5: Curva TGA das nanopartículas de Cds:Zn^{2+} (2 mol %)

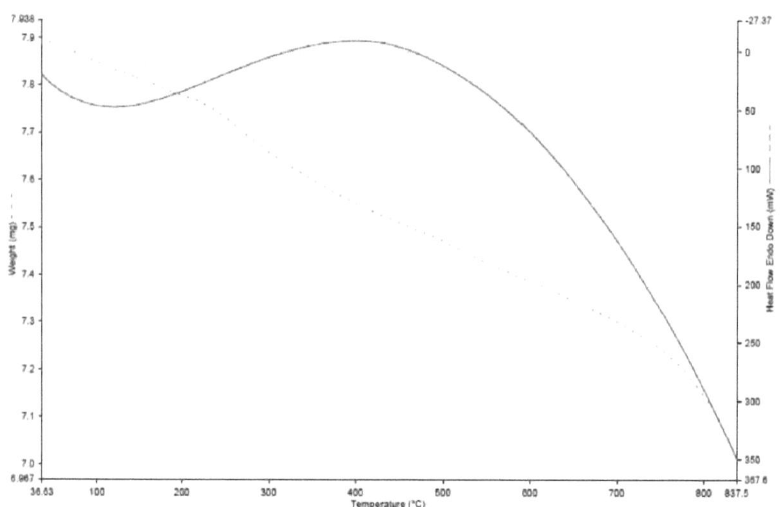

Figura 5.6: Curva TGA das nanopartículas de Cds:Zn^{2+} (3 mol %)

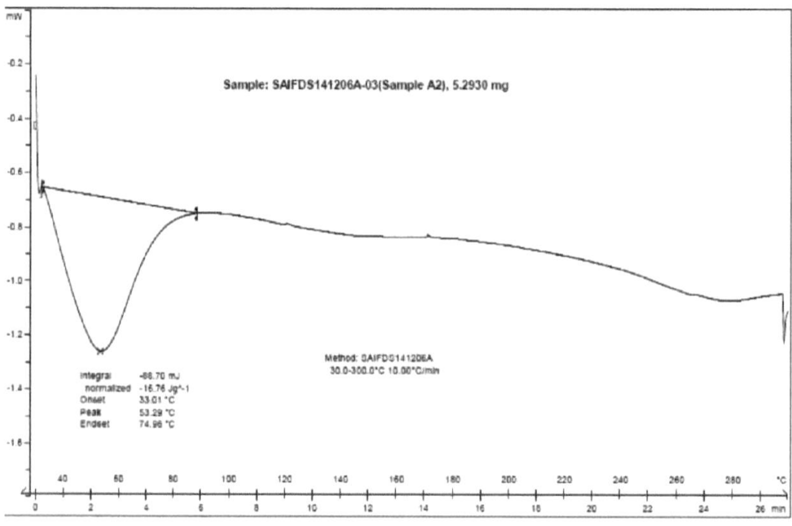

Figura 5.7: Curva DSC das nanopartículas de Cds:Zn^{2+} (2 mol %)

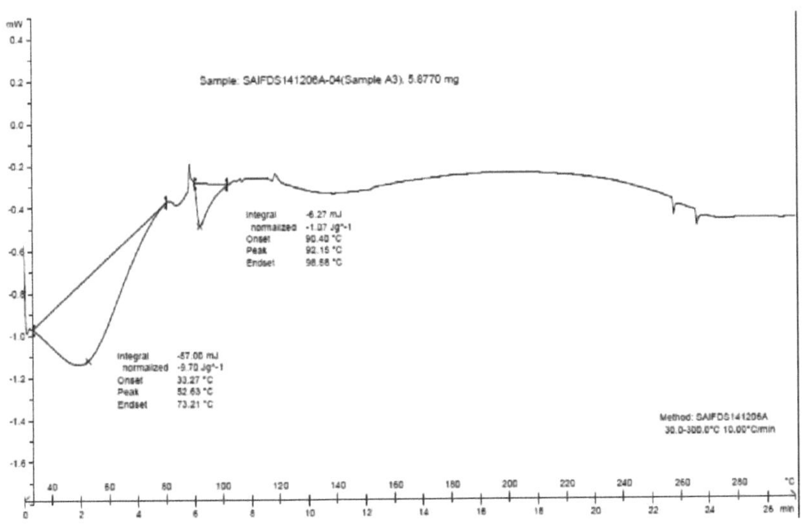

Figura 5.8: Curva DSC das nanopartículas de Cds:Zn^{2+} (3 mol %)

A tabela 5.1 seguinte apresenta os vários parâmetros térmicos das nanopartículas de CdS puras e dopadas com Zn^{2+} . Da tabela depreende-se claramente que as temperaturas TGA e DSC explicam o comportamento térmico das nanopartículas puras e dopadas. O aumento da concentração de dopagem altera ligeiramente os picos endotérmicos das amostras. O pico principal de perda de peso é deslocado de 460C para 480^{0} C e o segundo pico é deslocado para 660^{0} C para 690^{0} C quando a concentração de dopagem aumenta para 2 mol% a 3 mol%. Isto pode estar relacionado com a combinação de nanocristais de CdS nos compostos orgânicos, o que produziu uma força de ligação mais forte devido à interação entre as nanopartículas de CdS e os electrões do par solitário do átomo de N na espinha dorsal orgânica [5,6]. Segue-se uma grande perda de peso até 660^{0} C (5,18 mg para 4,56 mg, ou seja, cerca de 0,62 mg), com um pico endotérmico, que se deve à decomposição dos compostos orgânicos ligados covalentemente, em especial as moléculas de gás sulfúrico na superfície.

Material	TGA temp.(^{0}C)	Temp. DSC(^{0} C)	Perda de peso por DTA (%)
CdS puro	50	48	1
	200		45
	570		
1mol%	100	51.95	-
	-	80.45	-
	-	93.60	1
	460	-	30
	750	-	
2mol%	102	53.29	1

105

	480		45
	660		
3mol%	102	52.63	1
		92.15	
	400		45
	690		

Tabela: 5.1 : Parâmetros térmicos das nanopartículas de CdS puras e dopadas com Zn $^{2+}$

As curvas TGA e DSC do Mn^{2+} dopado e do Cu^{2+} dopado com 1 mol%, 2 mol% e 3 mol% são apresentadas nas figuras 5.9 a 5.20. Os parâmetros térmicos correspondentes são apresentados nas tabelas 5.2 e 5.3, respetivamente. A maior perda de peso, obtida na segunda fase, deve-se à eliminação do ligando presente no complexo Cd-Mn e a perda de peso observada é de cerca de 45%. A uma temperatura mais elevada (370^0 C a 490°C), a curva mostra um pico de ombro, correspondente a uma ligeira perda de peso. As curvas DTA deste complexo exibem um pico enxotérmico acentuado e um pouco largo nas regiões de temperatura 380°C e 832°C, respetivamente. A natureza endotérmica alargada destes picos de DTA implica algum tipo de mudança de fase associada à absorção do calor latente necessário. As etapas de TGA, correspondentes à decomposição dos ligandos do complexo, envolvendo uma súbita perda de peso, são acompanhadas por picos relativamente acentuados na DTA. No pico de DTA que corresponde à mudança de fase do complexo antes de qualquer dissociação efectiva, a curva de TGA não apresenta, obviamente, etapas de perda de peso.

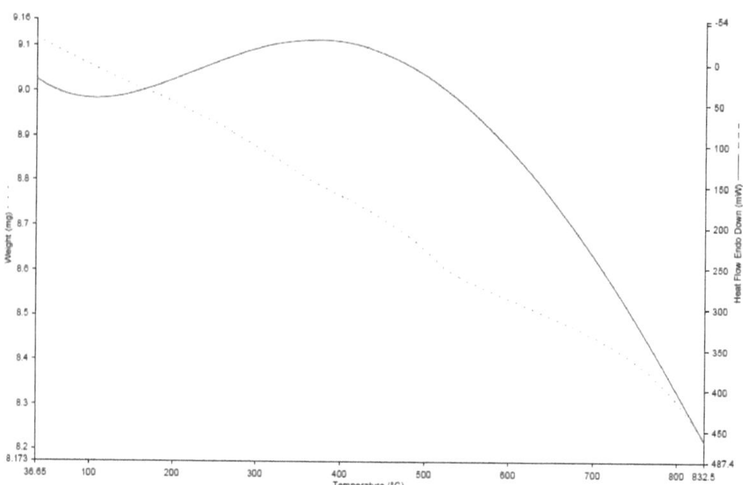

Figura 5.9: Curva TGA das nanopartículas de Cds:Mn^{2+} (1 mol %)

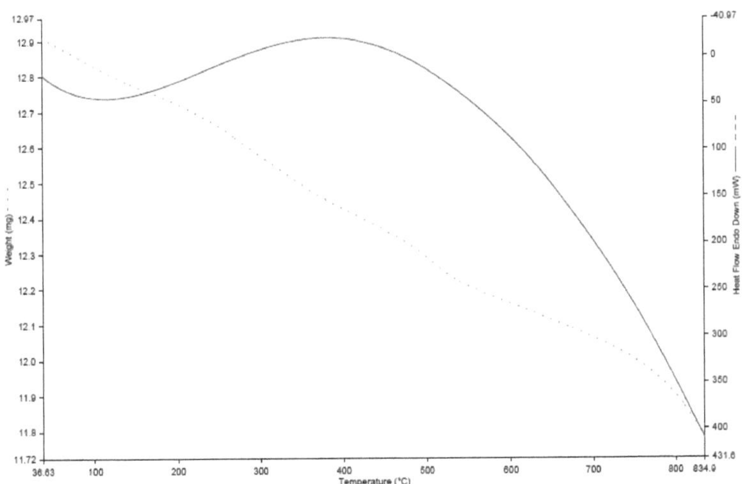

Figura 5.10: Curva TGA das nanopartículas de Cds:Mn^{2+} (2 mol %)

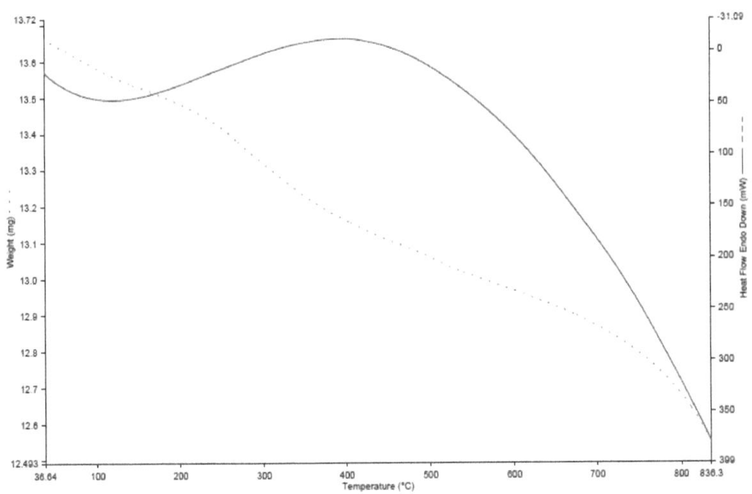

Figura 5.11: Curva TGA das nanopartículas de Cds:Mn^{2+} (3 mol %)

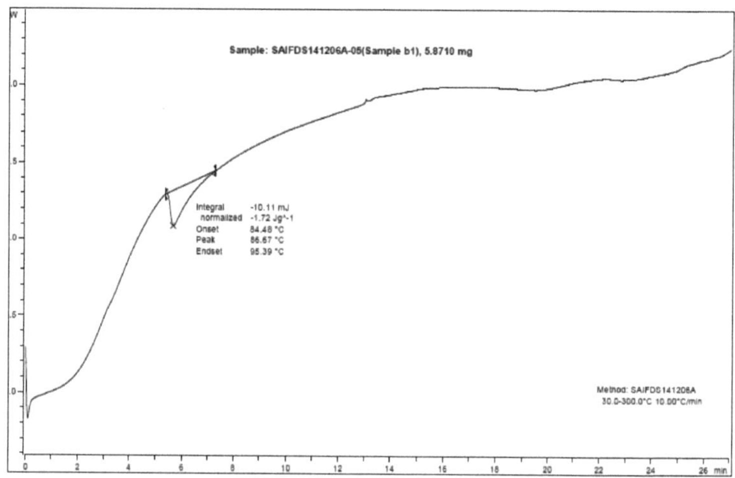

Figura 5.12: Curva DSC das nanopartículas de Cds:Mn^{2+} (1 mol %)

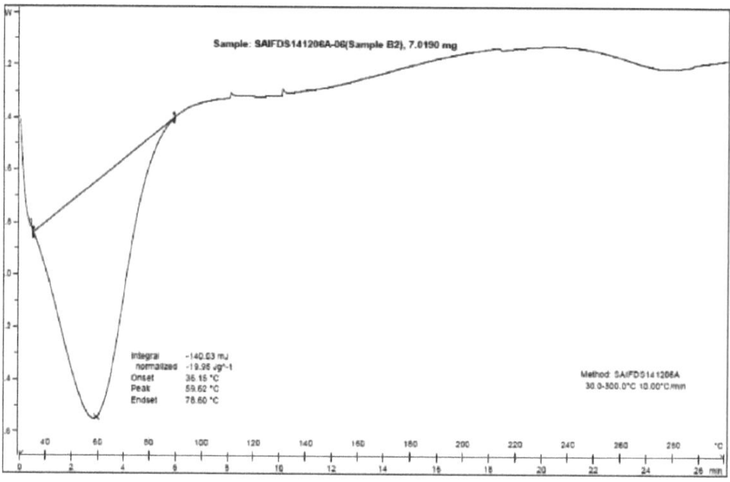

Figura 5.13: Curva DSC das nanopartículas de Cds:Mn^{2+} (2 mol %)

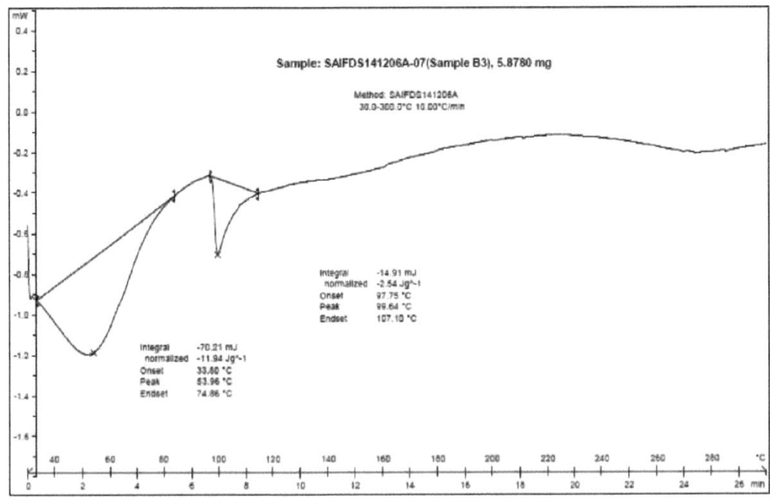

Figure 5.14:   Curva DSC de nanopartículas de Cds:Mn^{2+} (3 mol %)

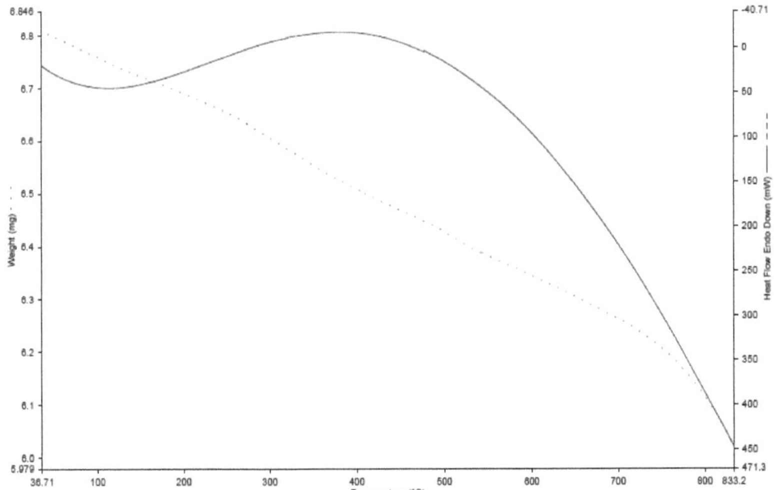

Figura 5.15: Curva TGA das nanopartículas de Cds:Cu^{2+} (1 mol %)

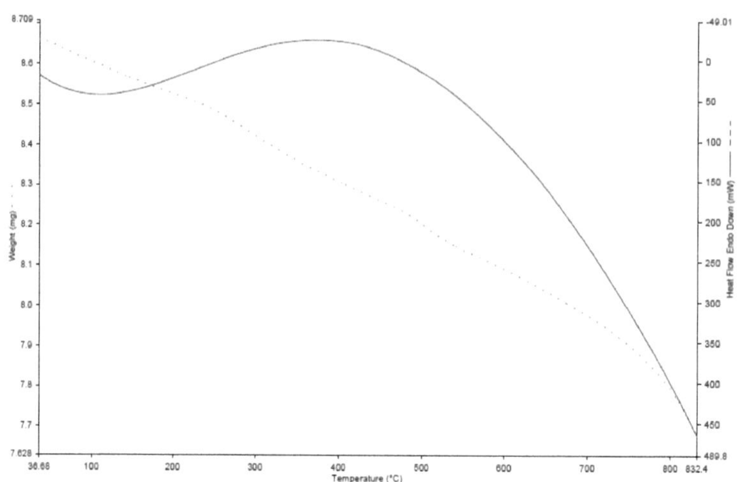

Figure 5.16:   Curva TGA das nanopartículas de Cds:Cu^{2+} (2 mol %)

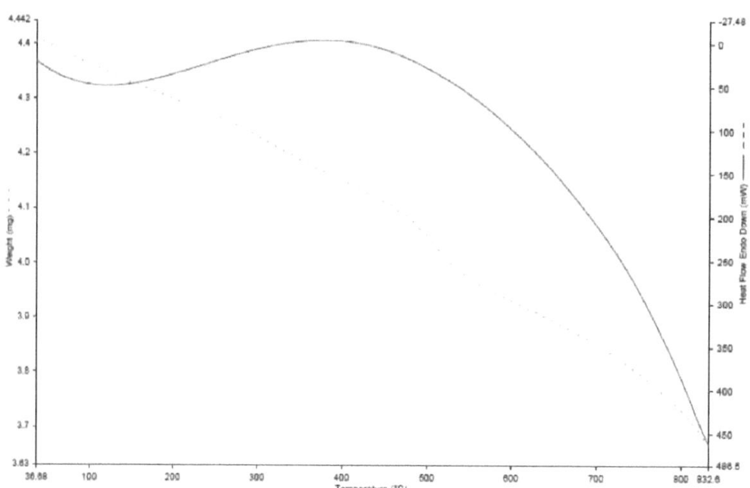

Figura 5.17: Curva TGA das nanopartículas de Cds:Cu^{2+} (3 mol %)

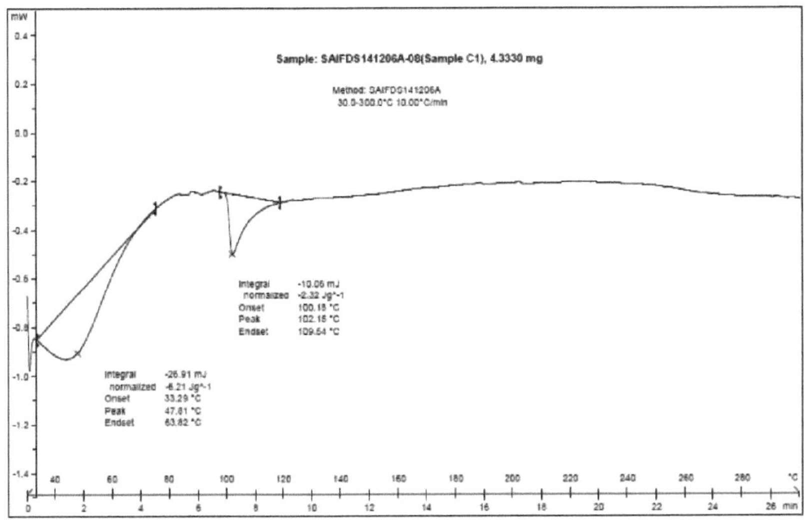

Figure 5.18:   Curva DSC de nanopartículas de Cds:Cu^{2+} (1 mol %)

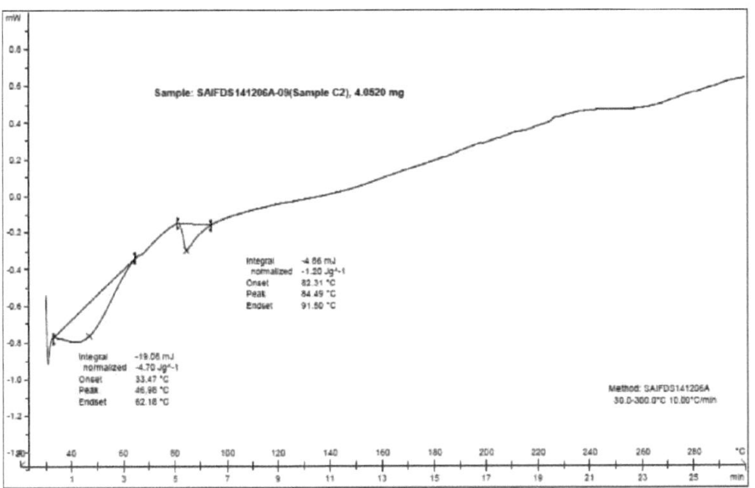

Figura 5.19: Curva DSC das nanopartículas de Cds:Cu^{2+} (2 mol %)

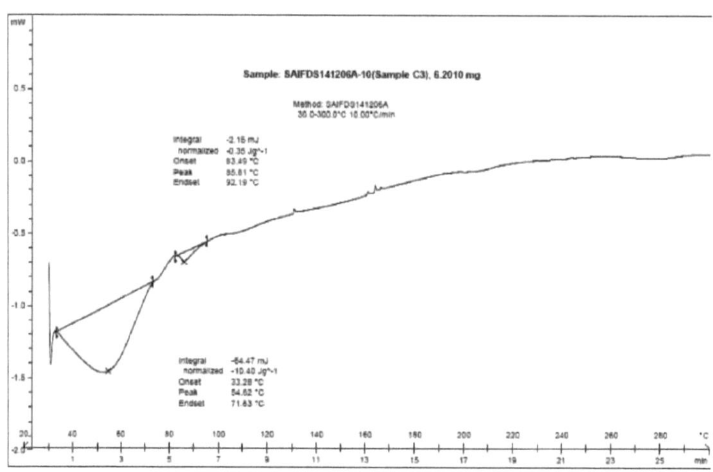

Figura 5.20: Curva DSC das nanopartículas de CdS:Cu^{2+} (3 mol %)

Material	TGA temp.(^{0}C)	Temp. DSC(^{0} C)	Perda de peso por DTA (%)
CdS puro	50 200 570	48	1 45
1mol%	100 - - 370 620	- 56.67 - - -	- - 1 29
2mol%	102 460 690	59.62	1 45
3mol%	103 470 670	53.96 99.64	1 46

Tabela: 5.2 : Parâmetros térmicos das nanopartículas de CdS puras e dopadas com Mn $^{2+}$

Material	TGA temp.(^{0}C)	Temp. DSC(^{0} C)	Perda de peso por DTA (%)
CdS puro	50 200 570	48	1 45
	100 -	47.81 -	-

	-	102.15	-
1mol%	460	- -	1
	650		30
	101	46.98	1
2mol%	480	84.49	47
	680		
	103		1
3mol%	490	54.62	45
	690	85.61	

Tabela: 5.3 : Parâmetros térmicos das nanopartículas de CdS puras e dopadas com Cu $^{2+}$

Não haverá muita alteração apreciável nas temperaturas de pico dos dopantes. A maior perda de peso, obtida na segunda fase, deve-se à eliminação do ligando presente no complexo Cd:Mn e Cd:Cu e a perda de peso observada é de cerca de 45%. A uma temperatura mais elevada (370^0 C a 490 °C), a curva apresenta um pico de ombro, correspondente a uma ligeira perda de peso. As curvas DTA deste complexo apresentam um pico enxotérmico acentuado e um pouco largo nas regiões de temperatura de 380 °C e 832 °C, respetivamente. A natureza endotérmica alargada destes picos de DTA implica algum tipo de mudança de fase associada à absorção do calor latente necessário.

referência

[1]   C. Braglik Chory,D. Buchold, M. Schmitt, W. KIefe, C. Heske, C. Kumpf, O. Fuchs, L. Weinhardt, A. Stahl, E. Umbanch,M. Lentze, J. Geurts, G. Muller, Chem. Phy. Lett., vol.**379**, (2003), 443-451.

[2]   B. Sreenivasa Rao, B. Rajesh Kumar, V. Rajagopal Reddy, T. Subba Rao, chl. Let., vol. **8** (2011), 177-185.

[3]   A.Aneeqa Sabha, Saadat Anwar Siddiqi, Salamat Ali, Wld. Acdmy. of Scin.Engg and Tech 45 (2010).

[4]   R. I. Dimitrov, N. Moldovanska , I. K. Bonev, Cds Oxi, vol.**385** (2002), 41-49.

[5]   J.G Deng, X.B Ding, W.C Zhang, Y.X. Peng,J.H Wang,X.p long, P. Li, S. C. Chan, Polymer, vol.**43** (2002), 2179.

[6]   G. A. Martinez Castanon, M. G. Sanchez Loredo, J. R. Martinez Mendoza , Facundo Ruiz, vol.1 (2005).

[7]   R.I. Dimitrov, N. Moldovanska e I. K. Bonev, Cadmium sulphide oxidation, vol.**385** (2002), 41-19.

CAPÍTULO 6

RESUMO E CONCLUSÃO

Nos últimos anos, a nanotecnologia tornou-se um dos mais importantes e excitantes domínios de vanguarda da Física, Química, Engenharia e Biologia. Revela-se muito promissora para nos proporcionar, num futuro próximo, muitas descobertas que mudarão a direção dos avanços tecnológicos numa vasta gama de aplicações. A nanotecnologia é muito debatida atualmente como uma fronteira emergente, um domínio em que as máquinas funcionam a escalas de bilionésimos de metro. A nanotecnologia é o estudo da manipulação à escala atómica e molecular. De um modo geral, a nanotecnologia trata do desenvolvimento de materiais, dispositivos ou outras estruturas que possuam, pelo menos, uma dimensão de 1 a 100 nm.

Um cristal é um material sólido cujos átomos, moléculas ou iões constituintes estão dispostos num padrão ordenado e repetitivo que se estende nas três direcções espaciais. Os cristais são únicos porque têm algumas propriedades sólidas, propriedades líquidas e propriedades ópticas, etc. Os materiais nanocristalinos são caracterizados por um comprimento microestrutural ou tamanho de grão até 100 nm. Os materiais nanocristalinos apresentam várias formas e possuem propriedades químicas, físicas ou mecânicas únicas. Estes materiais podem ser sintetizados através de várias técnicas diferentes e o tamanho do grão, a morfologia e a composição podem ser controlados através do controlo dos parâmetros do processo. Os materiais nanocristalinos apresentam maior resistência e dureza, maior difusividade e propriedades magnéticas superiores, tanto moles como duras.

Os nanomateriais (1-100 nm de dimensão) são potenciais candidatos a uma variedade de aplicações tecnológicas e, por conseguinte, o seu valor comercial está a aumentar enormemente. O desenvolvimento de novas cerâmicas nanoestruturadas, semicondutores, nanotubos, nanocompósitos - com propriedades mecânicas, eléctricas, térmicas e magnéticas melhoradas - são apenas alguns exemplos na ciência dos materiais. Os novos materiais fotónicos baseados na nanotecnologia são importantes para o progresso das tecnologias de comunicação ótica, armazenamento de dados, deteção, visualização e iluminação. No caso da supercondutividade a alta temperatura (HTS), que foi considerada um grande avanço na ciência dos materiais durante a última década, só será possível um maior avanço se for conseguido o controlo do material local à nanoescala.

Os sistemas nanoestruturados são úteis para adaptar as propriedades magnéticas, ópticas e electrónicas dos materiais. É óbvio que os materiais nanoestruturados terão um impacto crescente na eletrónica, uma vez que a procura de dimensões cada vez mais reduzidas na eletrónica se traduz na exigência de maior funcionalidade, maior densidade de memória e maior velocidade. A esperança de utilizar os efeitos obtidos com uma redução adicional de dez vezes na dimensão impulsiona o estudo de dispositivos à nanoescala baseados em novos princípios de funcionamento

Os semicondutores nanocristalinos têm sido objeto de numerosas investigações nas últimas duas décadas. As propriedades ópticas dependentes do tamanho têm muitas aplicações potenciais nos domínios da conversão da energia solar, dos dispositivos emissores de luz, dos sensores químicos/biológicos e da fotocatálise. A dopagem é muito importante não só para controlar as propriedades de transporte, mas também para modificar as suas propriedades físicas. De facto, os semicondutores dopados constituem uma parte importante de uma classe de materiais conhecidos como "fósforos" ou materiais "luminescentes". Os fósforos são os materiais que podem ser excitados por campos eléctricos, visíveis, ultravioleta (UV) ou raios X, etc. Assim, encontram aplicações em ecrãs de monitores de computador, ecrãs de tubos de raios catódicos (CRT), lâmpadas fluorescentes, detectores de raios X, díodos emissores de luz (LED) e materiais laser. Os semicondutores utilizados em tais aplicações são dopados com iões metálicos, especialmente iões metálicos de transição ou de terras raras. Por vezes, são utilizados iões metálicos adicionais como co-activadores para aumentar a emissão.

Dependendo do tamanho e da carga do ião, a dopagem de iões de impureza pode produzir um excesso de electrões ou de buracos num semicondutor. Isto dá origem a níveis localizados no intervalo de banda de um semicondutor. Estes estados são responsáveis pelas propriedades de transporte, foto-luminescência, eletroluminescência e outras propriedades ópticas destes semicondutores

A nanociência e a nanotecnologia incluem a síntese, a caraterização, a exploração e a utilização de materiais nanoestruturados. [th]As nanopartículas eram utilizadas como materiais corantes em cerâmica pelos povos antigos, o ouro coloidal era utilizado em tratamentos médicos para curar a dipsomania, a artrite, etc., desde o século XIX. As experiências sistemáticas realizadas com nanomateriais tiveram também início nos dias das conhecidas experiências de Faraday em 1857. Nas últimas décadas, os investigadores passaram a dispor de instrumentos sofisticados, como a microscopia eletrónica de varrimento, a microscopia eletrónica de transmissão e a microscopia de sonda de varrimento, para a caraterização e manipulação dos nanomateriais. A miniaturização dos dispositivos na indústria de semicondutores é também um fator significativo para o desenvolvimento da nanotecnologia. Os desenvolvimentos na física quântica e a emergência de novos domínios, como a física da matéria condensada mole, deram uma nova dimensão à vasta área da ciência dos materiais. A noção anterior de alteração das propriedades dos materiais através da alteração da composição ou da mistura de diferentes materiais deixou de estar isolada, tendo surgido uma abordagem radicalmente diferente, na qual as propriedades dos materiais são modificadas através da alteração do tamanho, mantendo intacta a composição química. A metodologia de variação das características dos materiais em função do tamanho só é viável num regime de tamanho específico, nomeadamente o nanómetro (10^{-9} metros), onde se pode observar uma troca quântica de fenómenos clássicos. Este facto deu origem a um novo ramo da ciência e da tecnologia denominado "nanociência" e "nanotecnologia". A nanotecnologia é a conceção, o fabrico e a aplicação de nanoestruturas ou nanomateriais, bem como a compreensão fundamental das relações entre as propriedades ou fenómenos físicos e as dimensões dos materiais. A nanotecnologia é um novo domínio ou um novo domínio científico. À semelhança da mecânica quântica, à escala nanométrica, os materiais ou estruturas podem possuir novas propriedades físicas ou apresentar novos fenómenos físicos.

No presente trabalho, foram sintetizados nanomateriais semicondutores de CdS puro e dopado com iões de metais de transição pelo método solvotérmico assistido por micro-ondas. Para preparar as nanopartículas de CdS puro, escolhemos a tioacetamida como fonte de sulfureto. É muito mais fácil para a tioacetamida libertar iões de sulfureto. Isto será benéfico para baixar a temperatura da reação e encurtar o período de reação. Além disso, escolhemos o etilenoglicol, não tóxico, como solvente. Este solvente é mais favorável para o ambiente. Os materiais precursores tratados por micro-ondas, depois de lavados com água desionizada e álcool e depois de recozidos, dão origem a um pó nanocristalino fino.

A estrutura e a pureza das fases dos pós foram examinadas pela técnica de difração de raios X (XRD). Neste presente trabalho, o padrão XRD para a amostra de nanocristais de CdS puro (100^0 C durante 120 minutos), sintetizado pelo método solvotérmico utilizando o forno de micro-ondas. A amostra de CdS puro é recozida a 100°C durante 120 minutos. O padrão XRD mostra que existem três picos distintos em três ângulos diferentes. Observa-se também que existe um pequeno quarto pico. Isto mostra que a amostra sintetizada pertence à fase pura de CdS. Todos os picos de XRD são alargados e difusos. Os valores 'hkl' são comparados com o ficheiro padrão JCPDS (10-454). O padrão XRD exibe picos proeminentes e largos com valores 2θ de 26,40, 43,73 e 51,90, que podem ser indexados à dispersão dos planos (1 1 1), (2 2 0) e (3 1 1), respetivamente, do CdS cúbico. O quarto pico com um valor 2θ de 70,01, que é indexado à dispersão no plano (4 0 0), mostra a fase hexagonal. Verifica-se uma ligeira variação do valor de 2θ nos nanocristais puros quando comparados com as moléculas em massa. O espaçamento d das nanopartículas de CdS puro e o tamanho médio das partículas são calculados. O tamanho de grão do CdS nanocristalino puro foi calculado a partir da equação de Scherrer e o tamanho de partícula é dado por 16,65 nm.

As nanopartículas de CdS crescidas são recozidas a 200^0 C durante diferentes períodos, nomeadamente 12 minutos, 20 minutos e 120 minutos. O padrão XRD mostra quatro picos distintos em ângulos diferentes, e os valores 'hkl' são comparados com o ficheiro padrão JCPDS. Os picos estão indexados nos planos (111), (220), (311) e (400) e, a partir do padrão difuso e alargado de XRD, é possível comprovar que a nanopartícula se encontra nas fases cúbica e hexagonal. Também se observa uma ligeira variação no valor de 2θ quando o tempo de recozimento aumenta de 12 minutos para 120 minutos. O 2 theta do pico (111) desloca-se de 26,53 para 26,57 e para 26,66, o pico (220) desloca-se de 43,83 para 43,90 e para 43,94 e o pico (311) desloca-se de 51,83 para 51,98 e para 52,02, o pico (400) desloca-se de 70,08 para 70,98 e para 71,04. Este facto pode dever-se à conversão da fase amorfa em fase cristalina das nanopartículas de CdS puro cultivadas. A contagem da intensidade aumenta de 121,32 para 328,47 e para 403,74, o que indica que a intensificação da cristalinidade. Além disso, verifica-se que o tempo de recozimento mostra a mudança no tamanho das partículas da nano partícula. O tamanho do grão dos nanocristais é calculado e varia de 14,06 nm a 21,05 nm.

As nanopartículas de CdS previamente preparadas são recozidas a diferentes temperaturas, nomeadamente 100^0 C, 200^0 C e 300^0 C durante 120 minutos. O padrão XRD mostra quatro picos distintos em diferentes ângulos. A natureza alargada e difusa dos picos estabelece a existência de uma natureza cúbica e hexagonal das nanopartículas de CdS puro. À medida que o tempo e a temperatura de recozimento aumentam, os picos de difração tornam-se mais nítidos e mais estreitos e a intensidade aumenta, o que indica a intensificação da cristalinidade. Observa-se também uma ligeira deslocação para a região de ângulos mais elevados à medida que a temperatura aumenta. Além disso, verifica-se que a largura do pico diminui com as temperaturas de recozimento. O tamanho das partículas das nanopartículas de CdS puro aumenta de 16,65 nm para 23,36 nm com a temperatura de recozimento.

Na presente investigação, o CdS puro é dopado com o ião metálico de transição Zn^{2+} e o efeito da concentração de dopagem de Zn^{2+} é estudado para 1 mol%, 2 mol% e 3 mol%. Os picos de XRD são alargados e visíveis, o que mostra que, com o aumento da concentração dopante do ião Zn^{2+}, a intensidade dos picos de difração diminui e a largura total a meio máximo (FWHM) aumenta ou alarga-se gradualmente. O valor da FWHM para o CdS puro é de 0,2676, para a amostra de Zn^{2+} 1 mol% é de 0,5353, para a amostra de Zn^{2+} 2 mol% é de 0,6022 e para a amostra de Zn^{2+} 3 mol% é de 0,6691. Verifica-se que a intensidade ou altura do pico para a nanopartícula de CdS pura é 370,67, para Zn^{2+} 1mol % é 351,03, para Zn^{2+} 2mol % é 326,34 e para Zn^{2+} 3mol % é 311,59. Com o aumento da percentagem de dopagem, as posições dos picos deslocam-se ligeiramente para ângulos mais baixos, o que indica o ligeiro aumento dos parâmetros da rede. Todos os valores de 2θ variam entre as amostras de CdS puro e dopado. Para o CdS puro é de 26,40, para a amostra Zn^{2+} 1 mol% é de 26,38, para a amostra Zn^{2+} 2 mol% é de 26,35 e para a amostra Zn^{2+} 3 mol% é de 26,29. O aumento da concentração de dopagem resulta na diminuição da cristalinidade e no aumento do efeito de desordem, o que resulta no alargamento e no aumento da intensidade dos picos de XRD. O tamanho das partículas do CdS puro é de 16,65, para a amostra Zn^{2+} 1 mol% é de 14,49, para a amostra Zn^{2+} 2 mol% é de 11,82 e para a amostra Zn^{2+} 3 mol% é de 10,28. Verifica-se claramente que todos os padrões de XRD correspondem à estrutura cúbica do CdS. Observa-se que não existem picos para o metal dopado, sulfuretos ou qualquer fase binária de cádmio metálico em nenhum dos padrões de XRD das amostras de CdS dopadas.

Neste estudo, o CdS puro é dopado com o ião metálico de transição Mn^{2+} em diferentes concentrações, 1 mol%, 2 mol% e 3 mol%, respetivamente. O pico de XRD mostra que, com o aumento da concentração de dopagem do ião Zn^{2+}, a intensidade dos picos de difração diminui e a largura total a meio máximo (FWHM) é gradualmente aumentada ou alargada. Neste caso, a intensidade do CdS puro é de 370,67, a do Mn^{2+} 1 mol % é de 347,85, a do Mn^{2+} 2 mol % é de 331,16 e a do Mn^{2+} 3 mol % é de 325,69. Quando a concentração de dopagem aumenta, a intensidade do pico diminui. Isto deve-se à diminuição da cristalinidade e ao aumento do efeito de desordem. Também se observou que os valores de 2θ de todas as amostras dopadas estão a mudar quando comparados com o CdS puro. O valor 2θ para o CdS puro é de 26,40, para 1 mol% é de 26,39, para 2 mol% é de 26,33 e para 3 mol% é de 26,25. Esta deslocação indica o ligeiro aumento dos parâmetros da rede. A partir da tabela, os valores de FWHM para o CdS puro são 0,2676, para 1 mol% são 0,5385, para 2 mol% são 0,6528 e para 3 mol% são 0,6691. Isto mostra que a FWHM aumentou com o aumento da concentração de dopping. Devido a este facto, a cristalinidade diminui e a desordem aumenta. Os tamanhos das partículas diminuem de 14,93 nm para 12,12nm quando a concentração do dopante aumenta.

Neste caso, o CdS é dopado com o ião metálico de transição Cu^{2+} em diferentes concentrações, 1 mol%, 2 mol% e 3 mol%, respetivamente. As amostras dopadas de CdS: Cu^{2+} mostram que todos os picos são alargados e visíveis. Quando a concentração de dopagem do ião Cu^{2+} aumenta, a intensidade dos picos de difração diminui, o que resulta da diminuição da cristalinidade e do aumento do efeito de desordem. A intensidade para a amostra pura é de 370,67, para 1 mol% é de 348,87, para 2 mol% é de 340,16 e para 3 mol% é de 320,11. O valor 2θ da amostra pura é 26,40, para 1 mol% é 26,38, para 2 mol% é 26,22 e para 3 mol% é 26,15. Isto mostra claramente que todos os picos de XRD são deslocados para ângulos mais baixos. E o FWHM também aumentou de 0,2676 para 0,6691. Isto mostra a cristalinidade das partículas. O tamanho das partículas das nanopartículas diminuiu com o aumento da concentração de dopagem. O tamanho das partículas da amostra pura é de 16,65 e para as amostras dopadas está a diminuir de 15,83 para 12,78, dependendo da concentração.

O efeito do raio iónico dos dopantes na nanopartícula de CdS pura é estudado nesta secção. Os vários parâmetros observados a partir do XRD do CdS puro e dopado: Tm (Tm=Zn^{2+} , Mn^{2+} , Cu^{2+}) para 1 mol %, 2 mol % e 3 mol %. Para todas as amostras acima referidas, a temperatura e o tempo de recozimento são mantidos a 100^0 C durante 120 minutos. A partir dos resultados, observa-se que a intensidade do dopante diminui com a diminuição dos raios iónicos. À medida que os raios iónicos diminuem, a contagem da intensidade do espetro e o espaçamento d entre os picos diminuem, confirmando assim a natureza cada vez mais cristalina das nanopartículas de CdS puras e dopadas. Os espaçamentos d das nanopartículas de CdS dopadas com Mn^{2+} , Cu^{2+} e Zn^{2+} situam-se na gama de 355-339 pm, o que indica que a expansão ocorre após a dopagem para o pico (111). Em contrapartida, também se verificou uma contração para os outros picos. As diferentes alterações na microestrutura indicam que podem existir dois tipos de espécies nas nanopartículas de CdS dopadas. Os tamanhos dos cristalitos nas nanopartículas de CdS também aumentaram ou diminuíram consoante a natureza dos dopantes. O tamanho cristalino das nanopartículas de CdS puro foi calculado utilizando a fórmula de Scherrers e a incorporação de Mn^{2+} , Cu^{2+} e Zn^{2+} reduziu os tamanhos cristalinos.

As imagens SEM foram tiradas para as nanopartículas de CdS puras recozidas a 100^0 C durante 120 minutos, 200^0 C durante 12 minutos e 200^0 C durante 20 minutos. A morfologia rugosa e esponjosa da superfície é evidente, o que torna difícil estimar o tamanho cristalino devido à aglomeração das partículas. As estruturas hexagonal e cúbica foram observadas em todas as imagens SEM. O tamanho médio das partículas é de cerca de 15,88 nm - 18,79 nm.

A imagem SEM das nanopartículas de CdS:Zn^{2+} permite visualizar as fases hexagonais das nanopartículas de CdS. Além disso, o padrão difuso no XRD também revela a presença da fase hexagonal juntamente com a fase cúbica. A micrografia SEM dos resultados indica os seus grãos de tamanho nanométrico e partículas salpicadas de tamanho micrométrico. No que respeita à limitação da resolução do SEM, observou-se que a adição de impurezas de Zn ao alvo aumentou o tamanho dos grãos, o que é comprovado pela camada de fundo apresentada nas imagens SEM. O tamanho médio das partículas é de cerca de 10,9 nm a 14,6 nm. Para além disso, verifica-se também que a aglomeração diminui com o aumento da concentração de Zn^{2+} .

O estudo morfológico do ião metálico de transição do nanomaterial dopado com Mn^{2+} com concentrações de 1 mol%, 2 mol% e 3 mol% é efetuado por SEM e estas amostras são recozidas a 100^0 C durante 120 minutos. As fases hexogonal e cúbica estão presentes nas nanopartículas de CdS dopadas com Mn^{2+} . A adição da impureza Mn^{2+} ao alvo aumenta o tamanho dos grãos, o que é comprovado pela sua camada de fundo apresentada na imagem SEM. O tamanho médio das partículas é de cerca de 12,9nm-14,9nm.

Na investigação morfológica, o CdS é dopado com ião metálico de transição Cu^{2+} para diferentes concentrações, 1 mol%, 2 mol% e 3 mol% e estas amostras são recozidas a 100^0 C durante 120 minutos. Na imagem SEM das nanopartículas de CdS:Cu^{2+} é possível visualizar as fases hexagonais das nano partículas de CdS. Observou-se que a adição da impureza Cu^{2+} ao alvo aumentou o tamanho dos grãos, o que é comprovado pela sua camada de fundo, conforme apresentado no SEM. A morfologia rugosa e esponjosa da superfície é evidente, o que dificulta a estimativa do tamanho dos cristais devido à aglomeração das partículas. As estruturas hexagonal e cúbica foram observadas nas imagens SEM. O tamanho médio das partículas é de cerca de 12,3nm- 14,9nm.

Os espectros EDAX foram analisados para CdS:Tm puro e dopado (Zn^{2+} , Mn^{2+} e Cu^{2+}) para diferentes concentrações como 1 mol%, 2 mol% e 3 mol%. Os espectros de EDAX estabelecem a presença de todos os elementos na percentagem correcta. O espetro EDAX confirma que a amostra tem uma composição normal. Num espetro EDAX Cds:Tm , elementos como Cd, S , Zn, Mn e Cu devem estar numa relação atómica estequiométrica no padrão EDAX. O desvio médio das composições estimadas em relação às composições-alvo é de ±2,5%.

A amostra em causa foi digerida com HNO3 e analisada com o sistema ICP-AES. O resultado do ICP-AES mostra que a amostra contém 46,82% ppm de partículas de Cd puro e 53,18% ppm de partículas de S. Em todas as amostras, o resultado da análise AES mostra que estas se encontram em relação atómica estequiométrica. As percentagens das espécies químicas encontradas nas amostras de CdS puro e dopado.

O estudo espetral da espetroscopia de absorção UV-Vis das nanopartículas de CdS puro mostra que, na região do infravermelho (IR) e do infravermelho próximo (NIR), o espetro de absorção é baixo. O CdS a granel apresenta o pico a 515 nm na região do visível. No entanto, os espectros da amostra apresentam um pico de absorção na gama de 505 nm. Isto deve-se à natureza nanocristalina da amostra. Este pico é atribuído à transição ótica do primeiro estado excitónico e desloca-se gradualmente para um comprimento de onda inferior (deslocamento para azul) à medida que a proporção dos iões aumenta. Esta deslocação pode ser devida aos efeitos do tamanho quântico e à formação de partículas mais pequenas. Consequentemente, a excitação dos electrões da banda de valência para a banda de condução requer uma energia mais elevada, o que resulta no desvio para o azul ou na absorção da luz na região de maior energia ou na região de menor comprimento de onda. Verifica-se que o intervalo de elasticidade do nanosistema de CdS puro no presente estudo é de 2,45 eV e que este valor é superior ao do CdS em massa. O intervalo de banda do CdS em massa é de 2,42 eV. Isto implica que a energia do intervalo de banda do CdS nanocristalino aumenta em 0,03 eV quando comparada com a do CdS em massa e que este aumento da energia do intervalo de banda se deve ao confinamento quântico dos portadores de carga no nanosistema de CdS.

Os espectros de transmitância das nanopartículas de Cds puro preparadas são também estudados. Estes espectros revelam que as nanopartículas cultivadas sob as mesmas condições paramétricas têm baixa absorvância na região do visível e do infravermelho próximo e são elevadas na região do ultravioleta. Os espectros da amostra apresentam um pico de transmissão na gama de 537 nm. Verifica-se que o intervalo de energia do nanosistema de CdS puro, utilizando a equação acima referida no presente estudo, é de 2,30 eV e este valor é inferior ao do CdS a granel. Isto implica que a energia do "band gap" do CdS nanocristalino diminui 0,12 eV em comparação com a do CdS em massa. Aqui pode observar-se que o intervalo de banda do cristal diminui de 2,45ev para 2,30 eV quando comparado com o modo de absorção e transmitância. Esta variação do intervalo de banda pode ser útil para conceber um material de janela adequado para o fabrico de células solares.

A espetroscopia UV-Vis de CdS: Zn^{2+} (1 mol %, 2 mol % e 3 mol %). O pico de absorção a 508 nm é deslocado para azul em comparação com o CdS a granel para o qual o pico de absorção é a 515 nm. As energias do intervalo de bandas para diferentes rácios de CdS: Zn^{2+} , os valores de energia do intervalo de bandas diminuem à medida que a concentração de Zn aumenta. Isto pode dever-se ao facto de a energia do intervalo de banda do composto ZnS ser mais baixa, ou seja, a energia do intervalo de banda do ZnS é igual a 3,6eV.

Os espectros de absorção exibem um ombro em torno de 515 nm (2,42 eV), resultante do efeito de confinamento quântico das nanopartículas de CdS dopadas com Zn^{2+} . Sugere uma pequena deslocação azul de 0,03 eV da banda de absorção em relação à banda de 505 nm (2,45 eV) para cristais de CdS em massa à temperatura ambiente. Assim, o intervalo de banda das nanopartículas de CdS dopadas com Zn^{2+} foi aumentado. Uma vez que o tamanho cristalino das nanopartículas de CdS dopadas com Zn^{2+} é menor do que o raio de Bohr de um excitão no cristal de CdS a granel, espera-se que ocorra um efeito de confinamento quântico dentro destes nanocristais, exibindo um aumento do intervalo de banda ótica.

O espetro de transmissão de CdS: Zn^{2+} (1 mol %, 2 mol % e 3mol %) mostra que abaixo de 500 nm houve uma queda acentuada na % T dos cristais, o que se deveu à forte absorção dos cristais nesta região. Observou-se que a % T global diminui com o teor de Zn. As energias do intervalo de bandas para diferentes rácios de CdS:Zn^{2+} , que os valores de energia do intervalo de bandas aumentam à medida que a concentração de Zn aumenta.

Foram sintetizados os espectros de absorção de nanopartículas de CdS dopadas com diferentes concentrações de Mn^{2+} . A presença do bordo de absorção a ~490 nm é atribuída ao bordo da banda de absorção caraterística das nanopartículas de CdS, que é deslocado para azul em relação ao correspondente CdS a granel. Além disso, observa-se um forte pico em torno de 300 nm, o que indica a presença de nanoclusters de CdS de pequenas dimensões. Os espectros de absorção do CdS dopado com Mn têm características semelhantes às do CdS nanocristalino puro, mas ligeiramente deslocados para o vermelho, indicando o efeito de confinamento quântico. Ao aumentar o teor de Mn, foi observado um ligeiro desvio progressivo para o vermelho de cerca de 0,1 eV. Observa-se um ombro de absorção a 470 nm na amostra (a), a 485 nm na amostra (b) e a 495 nm na amostra (c) de 1mol%, 2mol% e 3mol% de Mn^{2+} , respetivamente. Observa-se que o bordo de absorção das nanopartículas acima referidas se desloca para comprimentos de onda mais longos com uma energia decrescente de 2,30 eV para 2,27 eV. Esta pequena alteração no intervalo de banda sugere que existe uma transferência direta de energia entre os estados excitados do semicondutor e os níveis 3d dos iões Mn^{2+} , que são acoplados por processos de transferência de energia.

O espetro de transmissão da amostra dopada com Mn^{2+} e das amostras dopadas com Cu^{2+} é traçado e as energias do intervalo de banda são calculadas. É evidente, a partir dos valores das energias do intervalo de banda para diferentes rácios de CdS:Mn^{2+} , que os valores da energia do intervalo de banda aumentam à medida que a concentração de Mn aumenta.

Os espectros de absorção de CdS: Cu^{2+} em três rácios diferentes. Estes três rácios diferentes são obtidos com as energias do intervalo de bandas para diferentes rácios de Cu^{2+} em CdS a diminuir à medida que a concentração de Cu aumenta. Isto pode dever-se à baixa energia do intervalo de bandas do composto CuS, ou seja, a energia do intervalo de bandas do CuS é igual a 1,21eV.

O espetro de transmitância do CdS:Cu^{2+} (1 mol %, 2 mol % e 3 mol %) tem mais de 65% de transmitância em comprimentos de onda superiores a 500 nm. Devido à forte absorção dos cristais, houve uma queda acentuada no T dos cristais abaixo de 500 nm. Aqui observa-se que com o teor de Cu^{2+} a % T global diminui. Com o aumento da concentração de dopagem, a energia do intervalo de banda também aumenta. Os valores das energias de intervalo de banda para diferentes rácios de CdS:Cu^{2+} , que os valores de energia de intervalo de banda aumentam à medida que a concentração de Cu aumenta.

A pureza da fase e a presença de grupos funcionais das nanopartículas de CdS puro e CdS:Tm (Tm = Zn^{2+} , Mn^{2+} , Cu^{2+}) sintetizadas são analisadas por espetroscopia FTIR. Os espectros de infravermelhos das amostras são registados na gama de 400-4000 cm^{-1} . Na região de energia mais elevada, o pico a 3426 cm^{-1} é atribuído ao estiramento O-H da água absorvida na superfície do CdS. A presença de água é confirmada por uma vibração de flexão muito fraca a 1616 cm^{-1} , estiramento C-C. As partículas de CdS apresentaram duas bandas de estiramento, assimétricas e simétricas, o pico a cerca de 2926 cm^{-1} está associado ao estiramento C-H. A banda média forte posicionada na gama de 1397 cm^{-1} , possivelmente devida a vibrações de estiramento do grupo sulfato, mostra a presença de tioacatamida. O pico a 1114 cm^{-1} é atribuído à vibração de estiramento C-O do etilenoglicol. Existe uma banda de absorção média a 616 cm^{-1} que foi atribuída à flexão C-H.

Os espectros FT-IR do CdS preparado dopado com Zn^{2+} , Mn^{2+} , Cu^{2+} para concentrações de 1 mol%, 2mol% e 3 mol% são estudados e as atribuições vibracionais obtidas nos espectros existem apenas pequenas variações nos números de onda de diferentes bandas.

Na presente investigação, a TGA mostra que a amostra é termicamente estável com um ligeiro pico endotérmico em torno de 50^0 C e outros dois em 80^0 C e 93^0 C. Uma perda de peso muito pequena abaixo de 100^0 C pode ser geralmente atribuída à evaporação da água absorvida na superfície do material. Devido a esta evaporação, ocorre uma perda de peso muito pequena no material. Por conseguinte, a amostra é termicamente estável até 100^0 C. A 200^0 C, observa-se um pico exotérmico devido à evaporação de componentes orgânicos na superfície do material. Assim, observa-se uma perda de peso de 1% entre 100^0 C e 200^0 C. Segue-se uma grande perda de peso de cerca de 45% entre 200^0 C e 570^0 C e é atribuída à decomposição de ligações covalentes orgânicas, em particular de etilenoglicol na superfície. A curva DSC das nanopartículas de CdS puras também foi estudada de 30^0 C a 300^0 C. Inicialmente, foram utilizados 6,58 mg para o estudo acima referido. Observa-se no gráfico que existe um pico a 48^0 C, o que confirma a nossa observação anterior em TGA.

A análise TGA da amostra dopada com 1mol% de Cds: Zn^{2+}, é estudada e nesta curva TGA em torno de 100^0 C está presente uma curva endotérmica. Esta curva representa a presença de moléculas de água na superfície do material e é evaporada a essa temperatura. Foi observado um outro pico exotérmico a 460^0 C, que pode ser geralmente atribuído à evaporação de componentes orgânicos na superfície do material. Está claramente provado que, quando a concentração do dopante aumentou, a estabilidade térmica das nanopartículas também melhorou significativamente, tal como a concentração de dopante de CdS puro na TGA. Isto pode estar relacionado com a combinação de nanocristais de CdS nos compostos orgânicos, o que produziu uma força de ligação mais forte devido à interação entre as nanopartículas de CdS e os electrões do par solitário do átomo de N na espinha dorsal orgânica. Segue-se uma grande perda de peso a cerca de 750^0 C (5,301 mg para 4,525 mg, ou seja, cerca de 0,776 mg), com um pico endotérmico que é atribuído à decomposição de ligações covalentes orgânicas, em especial moléculas de gás sulfúrico na superfície. A curva DSC também mostra claramente três picos a $51,95^0$ C, $80,45^0$ C e $93,60^0$ C. Todos estes picos inferiores atribuem a mudança de fase de natureza amorfa para cristalina da nanopartícula dopada com Zn^{2+} e o pico a $93,60^0$ C pode ser atribuído à perda da molécula de água presente na superfície do material. Também apresenta um pico em torno de 240^0 C e a análise é observada apenas até 300^0 C.

A análise TGA das nanopartículas de CdS dopadas com Zn^{2+} para 2mol% e 3mol% também é estudada. A temperatura TGA e DSC explica o comportamento térmico das nanopartículas puras e dopadas. O aumento da concentração de dopagem altera ligeiramente os picos endotérmicos das amostras. O pico de perda de peso principal é deslocado de 460C para 480^0 C e o segundo pico é deslocado para 660^0 C para 690^0 C quando a concentração de dopagem aumenta para 2 mol% a 3 mol%. Segue-se uma grande perda de peso até 660^0 C (5,18 mg para 4,56 mg, ou seja, cerca de 0,62 mg), existe um pico endotérmico e é atribuído à decomposição de ligações covalentes orgânicas, em particular moléculas de gás de enxofre na superfície.

São estudadas as curvas TGA e DSC do Mn^{2+} dopado e do Cu^{2+} dopado com 1 mol%, 2 mol% e 3 mol%. A maior perda de peso, obtida na segunda fase, deve-se à eliminação do ligando presente no complexo Cd-Mn e a perda de peso observada é de cerca de 45%. A uma temperatura mais elevada (370^0 C a 490°C), a curva mostra um pico de ombro, correspondente a uma ligeira perda de peso. As curvas DTA deste complexo exibem um pico endotérmico acentuado e um pouco largo nas regiões de temperatura 380°C e 832°C, respetivamente.

A natureza endotérmica alargada destes picos de DTA implica algum tipo de mudança de fase associada à absorção do calor latente necessário. As etapas de TGA, correspondentes à decomposição dos ligandos do complexo, envolvendo uma súbita perda de peso, são acompanhadas por picos relativamente acentuados de DTA. No pico de DTA que corresponde à mudança de fase do complexo antes de qualquer dissociação efectiva, a curva de TGA não apresenta, obviamente, etapas de perda de peso.

Não haverá grande alteração apreciável nas temperaturas de pico dos dopantes. A maior perda de peso, obtida na segunda fase, deve-se à eliminação do ligando presente no complexo Cd:Mn e Cd:Cu e a perda de peso observada é de cerca de 45%. A uma temperatura mais elevada (370^0 C a 490 °C), a curva apresenta um pico de ombro, correspondente a uma ligeira perda de peso. As curvas DTA deste complexo apresentam um pico endotérmico acentuado e um pouco alargado nas regiões de temperatura de 380 °C e 832 °C, respetivamente. A natureza endotérmica alargada destes picos de DTA implica algum tipo de mudança de fase associada à absorção do calor latente necessário.

Âmbito de estudo futuro

No presente estudo, a síntese de CdS nanocristalino é estudada pelo método solvotérmico utilizando o forno de micro-ondas. A mesma síntese pode também ser efectuada por diferentes métodos químicos e mecânicos. As nanopartículas de CdS podem ser sintetizadas variando os materiais precursores e variando o valor de PH do solvente. No presente estudo, foi utilizado etilenoglicol como solvente. O trabalho poderia ter sido efectuado alterando o solvente, como a água ou o metanol, etc. O processo de recozimento poderia ter sido realizado com diferentes técnicas, como a irradiação por feixe elétrico, a irradiação por raios X e a irradiação fotoquímica, etc. Durante o processo de recozimento, poderíamos ter utilizado um agente de cobertura, mas o trabalho poderia ter sido feito com outras radiações, como a radiação direta da luz solar. No presente trabalho, a amostra preparada é recozida a diferentes temperaturas e a diferentes tempos. Isto poderia ser realizado com a temperatura da luz solar direta, para estudar o efeito do tamanho das partículas nas propriedades dos materiais. No presente estudo, o CdS nanocristalino foi dopado com poucos dopantes e o trabalho pode ser alargado com a dopagem de outros metais de transição, bem como de elementos de terras raras. O trabalho poderia ter sido alargado com a variação dos valores de PH dos dopantes. . Para todos os processos acima referidos, o resultado de todos os métodos pode variar em comparação com a nossa investigação atual. Devido às alterações ocorridas como explicado acima, o tamanho das partículas da amostra pode variar e pode levar o tamanho das partículas para o ponto quntam é igual ao raio de bohr.

Relativamente à morfologia, o tamanho e a forma das partículas, o grau de aglomeração, etc., foram obtidos a partir dos estudos de análise SEM. O trabalho poderia ter sido alargado com a caraterização SEM e TEM de alta resolução. Na caraterização ótica das amostras puras e dopadas, foram estudadas a absorção e a transmitância UV-vis. Mas o trabalho poderia ter sido feito com a fotoluminescência, a eletroluminescência e a termoluminescência. As amostras devem ser caracterizadas com outras técnicas eléctricas, como a condutividade DC, o magnetómetro de amostra vibrante, as medições de fotocondutividade, etc. A estrutura das amostras pode ser analisada por espectros Raman. Estes materiais encontram aplicações significativas, se preparados sob a forma de películas.

Printed by Books on Demand GmbH, Norderstedt / Germany